作者简介

袁劝劝 微博情感博主 @ 普通少女 Yolly
2018 年汉语国际教育硕士毕业,目前为美国在任中文教师。已有 5 年海外工作经验(两年韩国 + 三年美国),体验过不同国家的文化,曾获得"三好研究生""优秀汉语教师志愿者"等荣誉称号。

焦细华 微博时尚博主 @ 佑源美学范
资深衣橱穿搭教练、私人选款专家、美学创业孵化导师。有多年服装行业经验,37 岁成功将兴趣转变成事业。为客户定制专属品牌形象,影响 20 万 + 女性注重形象并受益。

陈儒雅 外语教育类博主 @ 元气外语
有 4 年工作经验,教授学生上千人,擅长外语教学;曾获中山大学戴镏龄奖学金、日本财团法人广岛国际中心奖学金、全国日语配音大赛暨全国日语播音大赛二等奖;留学期间曾主持第 13 届日本广岛县高中生英语演讲比赛。

奇门君 微博认证星座命理博主 @ 奇门君
毕业于香港中文大学哲学系,兼修宗教研究、教育心理学。现任多家国际企业顾问,有 10 余年咨询经验,擅长企业咨询、情感咨询,深受企业客户欢迎。

陈云凤 微博职场博主 @ 茶姐姐-
心理咨询师,并任广州市心理咨询师协会理事,是 iEnglish 类母语训练营讲师;高级评茶员、二级茶艺技师,茶修 16 年,素食 12 年,是中国管理科学研究院研究员。擅长领域:亲子关系、亲密关系、情绪管理等。

孙露沁 知乎博主 @ 投行新手分析师
现从事医疗大健康领域的投资,毕业于上海交通大学,曾任斯伦贝谢美国休斯敦公司的机械制造工程师。擅长医药类投资咨询、金属的机械加工制造工艺、智能制造、项目管理等,作品曾入围"工业 4.0- 数字工厂"主题展览。

白一心 微博博主 @ 杭州白一心
中科院心理所认证心理咨询师,CBT 认知行为治疗研究者,个人终身成长教练。擅长挖掘思维盲区,曾帮助 300 多名学生通过认知行为引导,一个月内积累英文单词量一万 +,并形成主动学习型思维模式。

谢璇 微博博主 @ 大漂亮啊喂
曾任上市公司市场营销负责人,现任创投行业记者,有十余年媒体及市场营销工作经验。擅长心理学、精力管理等方向。

勤一步 情感博主 @ 勤一步
从事工程设计工作 10 年,善于用理性思维解析情感问题,持续输出 2900 多篇精练博文,有关情感、财富、美食等,化繁为简,看得明白,活得美好。期待你来,思考交流,我们是朋友。

孙丽 微博情感博主 @ 心理医生——孙丽

国家二级心理咨询师,两性情感专家,婚姻家庭子女教育专家,中国健康产业工作委员会心理咨询专业委员会理事,黑龙江省健康会专家委员会理事,深圳慧生活文化传播有限公司总经理。

张佳佳 微博博主 @ 律政女王张佳佳

婚姻家事专业律师、ACT心理咨询师、CPBA国际认证私人银行家。曾在北京法院工作6年,经手处理了近千件民事案件,包括大量的婚姻、继承等案件,积累了丰富的庭审技巧和诉讼经验。

肖阳春 微博摄影博主 @ 水枫春PHOTO

27岁,买下了人生第一套房;40岁走出舒适区,清零15年职场,放弃以前的行业积累,开启自己热爱并擅长的摄影事业;"创意生活摄影课堂"主理人,学员逾百位。

吴超越 微博博主 @ 吴念青727

毕业于淮北师范大学文学院新闻专业,热爱读书、旅行、跑步的终身成长者,有5年互联网内容领域工作经验。擅长文案撰写、内容运营,自媒体创作者,全网各平台总阅读量过千万。

蒋淑怡 女性成长博主 @ 港大小方糖

香港大学新闻学硕士,中山大学经济学学士;擅长理财,曾单月收入六万元。讲我的经验,分享实用度满分的升级攻略;也讲我为什么是我。提升眼界,挑战自我,不停止思考。

吴尚恩 教育博主 @Wynne老师就是我

毕业于北京工业大学土木工程学院,曾任某厅机关单位秘书,某985高校海外预科理科组负责人。擅长心理学与理科教育,荣获阿思丹学院颁发的"Outstanding Coach(优秀指导教师)"证书。

钟小岚 微博博主 @ 流浪在城市森林

一线教师,今日头条情感领域创作者"跳跳糖村"。知乎号"跳跳糖村"。一个内心追逐自由的"80后"宝妈,奉行终身学习的理念。目前是柔与韧会赚钱的妈妈的联合出品人。

尹梓 微博教育博主 @ 医生妈妈在美国

毕业于陆军军医大学(原第三军医大学)临床系,曾任陆军军医大学附属新桥医院神经外科医生,香港中文大学附属威尔士亲王医院脑肿瘤研究员,有7年多工作经验。

糜亚乒 微博情感博主 @ 温暖导师亚乒

中科院心理研究所EAP硕士,国家二级心理咨询师、二级婚姻家庭咨询师,人社部企业教练训导师。专业致力于家庭教育十年,擅长情感咨询及青春期孩子心理疏导,指导家庭及个人超过1000人次。

苏田 微博博主 @ 伯乐苏

全球认证Gallup盖洛普优势教练,伯乐苏优势学院创始人,15万粉丝微博博主。有3年1200小时咨询经验,帮助600人发现天赋,绽放优势。

黄苏平 微博原创视频博主 @ 红点树皮

英语教育专业大学生,2000年生人。现在校园附近的一所琴行兼职做钢琴老师,过去的6年都在同抑郁症做朋友,在处理不良情绪方面有非常丰富的经验。

立夏 微博博主 @梦想生活家立夏
毕业于苏州大学俄英双语专业。曾担任互联网公司企业文化经理,后转型成为一名幸福人生教练。1对1支持200多位付费客户实现职业突破、关系改善、财富增长,累计个案时长500多个小时。

美懿 微博博主 @美懿快乐
2021年在泰国环球旅行者,现在旅居泰国清迈,在一个占地面积14400平方米的蕨类植物天堂开一家咖啡馆。旅居过英国、美国等国家。从2020年8月开始日更视频,讲解蕨类植物。

钱坤 微博读物博主 @坤少爱读书
微博认证招募潜力创作者。至今读过近300本书,每年仍保持着30多本书的阅读量。对个人成长领域有着较为深入的理解。拥有大量原创博文,微博输出内容达十余万字。

陈斯琦 微博博主 @大琦琦小乐乐
曾经的电力人、培训人,现在的财务人、注册会计师。在经历多次跌宕起伏后,实现了人生的转行。用5年时间,从荒无人烟的坝上走到城市,从迷茫不知所措到自信笃定,找到自己的天赋和热爱的事业。

硬核羊哥 微博原创视频博主 @硬核羊哥
5年创业者,擅长创作短视频,玩转自媒体。个人成长定位:写作长期主义者。博文阅读量突破2.4亿次,创作的视频播放量达171.4万次。希望自己的创作能带来更多的惊喜,也希望和同频的人互相学习、成长。

邓海蓝 微博博主 @环球红酒之旅_Plus
Zeffimore品牌创始人,微博认证头条文章作者。拥有中山大学经济学硕士学位和10余年世界500强企业工作经验。擅长品牌营销和市场管理,2017年开始创立自己的运动品牌,产品跨境销售遍及全球多个国家和地区。

黄豆豆 微博博主 @黄豆豆_Dou
曾任上市公司品牌负责人;参与过十个省级博物馆的故事展线设计;担任过一乡一品的产业顾问、国际美食节美食评委。

夏敏 微博教育博主 @夏敏成长笔记
个人成长教练,国际热情测试执导师。曾为领英中国、知名教育平台等多个组织提供内训课程;所开课程累计付费人数超过6000人;写过400多篇成长文章,单篇文章最高阅读量超10万。

葛曼 微博博主 @满意学姐
天津中医药大学应用心理学专业理学学士,二级心理咨询师,中华心理咨询师国际协会会员,希望24热线优秀宣讲员。曾从事互联网运营工作,擅长做职业规划、助力个人成长。

姚翔 微博教育博主 @学术杂食君
毕业于武汉纺织大学纺织学院,葡萄牙里斯本大学双硕士。曾任职于世界500强企业摩根先进材料、辉瑞医药。有5年多管理工作经验,创办了留学语培教育咨询公司"沃克斯教育"。

万璐 微博博主 @兔嚣嚣
曾在娱乐圈担任艺人经纪人6年,亲历现象级危机公关、参与过票房过亿的贺岁档电影项目,合作的艺人至今活跃在银幕一线。现创业从事文化教育行业,开办配套课程,同步开发周边衍生品。

王树华 微博博主 @IT 新媒体艺术
IT 信息项目管理师，软件设计师。有 5 年一线销售经验，10 余年创业经验，曾从事多媒体数字展示、系统集成行业，终身学习爱好者和践行者。

徐融 微博职场博主 @ 职场幸运姐
毕业于合肥工业大学，硕士学历，中级经济师。现就职于 500 强央企，拥有 10 年行政、人事管理经验。曾担任 6 年专职文秘，擅长公文写作、职场交流。

刘丽仪 微博博主 @ 创业辣妈 Elaine
管理学学士，毕业于广州大学市场营销专业。有 10 余年广告和外贸工作经验，每年外贸业绩稳居公司第一。现自己创立贸易公司和广告传媒公司。

邓晔 微博博主 @ 大富锦鲤
曾就职于国内某大型地产集团，华东地区营销中心负责人。有 13 年多的地产营销甲、乙方工作经验，先后服务过多家世界 500 强企业客户，操盘金额超 200 亿元，面积超 500 万平方米。

潘均 知乎博主 @ 潘均律师
现任浙江六善律师事务所执业律师，实战派家事律师，家事谈判行家，个人商业顾问。普法累积影响上千万人次。曾为单一客户谈判赢得 2800 万元补偿款。

黎可可 微博时尚博主 @ 黎可可
上市公司总裁助理，全网粉丝数逾 20 万，国家网络文艺批评人才，注册国际心理咨询师（CIPC），婚姻情感咨询师，有 20 年工作经验，擅长商务运营，女性魅力提升及两性情感关系专家。

黄薇 微博博主 @ 薇姐买房
清华大学 MBA，有 15 年 IT 行业工作经验，现任某科技集团战略总监。业余爱好是买房，有多年北京深圳多城市房产投资实操经验，拓展副业"薇姐买房"，提供一对一房产咨询服务。

怡玲 教育视频号 @ 怡玲老师的文案研习社
毕业于南京信息工程大学经济管理系，有 11 年欧美独资企业安全管理负责人经验，有 3 年自媒体运营经验，担任 3000 多个团队的金牌导师，擅长写微营销文案。

侯海磊 微博财经博主 @ 乡下老白菜
全网粉丝数超过 10 万，微博年阅读量过亿，有 20 余年销售管理与证券投资经验。专注中等收入家庭资产配置与基金投资，对大盘走势与指数型 ETF 研判准确，独创白菜 ETF 指数基金投资组合战法。

孙在丽 微博教育博主 @ 孙教授说高考
就职于某省级教育招生考试院。博士、副教授，两个孩子的妈。专注于职业发展，成为研究新高考改革及高考志愿填报的副教授；专注于投资理财，从贷款读大学到资产过千万元。

终身成长学园 著

个人成长

不要等到30岁以后

未来生存
你需要的不是经验
而是经验背后的生存法则及个人跃迁的底层逻辑

北京大学出版社
PEKING UNIVERSITY PRESS

内容提要

为了帮助广大年轻人更好地应对生活中的挑战，养成积极向上的行为习惯，本书通过七大模块和41个真实案例，全面阐述个人成长的实用方法，其中包括心态建设、情绪管理、艺术社交、破局思维、行动方法、职场晋升和副业投资。

七大模块之间互相独立，分别包含若干小节，每一小节都由一位某领域的博主分享自己的生活困境和成长故事，并讲述他们如何达到更好的生活状态，使读者更加明确：个人成长，不要等到30岁以后。

本书实用性强，覆盖面广，任何处于人生迷茫状态和困境中的人，以及想要让生活变得更美好的人，都能通过本书找到自己的方向。

图书在版编目(CIP)数据

个人成长：不要等到30岁以后 / 终身成长学园著. — 北京：北京大学出版社，2021.10
　ISBN 978-7-301-32582-7

Ⅰ.①个… Ⅱ.①终… Ⅲ.①成功心理 – 青年读物 Ⅳ.①B848.4–49

中国版本图书馆CIP数据核字(2021)第197359号

书　　　名	个人成长：不要等到30岁以后 GEREN CHENGZHANG：BUYAO DENGDAO 30 SUI YIHOU
著作责任者	终身成长学园　著
责任编辑	张云静　刘倩
标准书号	ISBN 978-7-301-32582-7
出版发行	北京大学出版社
地　　　址	北京市海淀区成府路205号　100871
网　　　址	http://www.pup.cn　新浪微博：@北京大学出版社
电子信箱	pup7@pup.cn
电　　　话	邮购部 010-62752015　发行部 010-62750672　编辑部 010-62570390
印 刷 者	三河市博文印刷有限公司
经 销 者	新华书店
	880毫米×1230毫米　32开本　6.875印张　197千字 2021年10月第1版　2021年10月第1次印刷
印　　　数	1-6000册
定　　　价	42.00元

未经许可，不得以任何方式复制或抄袭本书之部分或全部内容。
版权所有，侵权必究
举报电话：010-62752024　电子信箱：fd@pup.pku.edu.cn
图书如有印装质量问题，请与出版部联系。电话：010-62756370

序言
PREFACE

「本书能帮你什么？」

我们总是听说："你做事的态度，决定你人生的高度"，但没有人告诉我们，该如何改变做事的态度。阅读本书，你可以学习乐观向上的态度，学习如何听从内心的声音、怎样调整不安的心态，以及远离负能量的方法。

掌控情绪，修炼心智，从来不是一件容易的事，你是否因追求完美而迟迟完不成领导安排的任务？是否无法摆脱焦虑，时时刻刻都在拖延？做事是否分心不断，无法专心致志？本书将带你了解修炼心智，控制情绪的本质。

纵横职场、面对亲密关系、与朋友共处、与自己相处，你真的会交流吗？懂礼仪才会受欢迎，善交际才能得成功。本书将介绍，如何顺其自然地与人沟通、与己交流，如何拥有自信而合适的谈吐，以及如何正确处理工作中、生活中的各种人际关系。

为什么我们需要选择？什么会影响我们的选择？如何改变自己的选择？不同的选择带给我们不同的成长轨迹。本书将从不同的思维角度、不同的认知方式，教你不一样的选择方式。

从想到到做到，你需要持续行动，遇见更好的自己，坚持并自律，提升认知能力，践行长期主义，提高管理意识……你想要的行动答案，本书都有。

职场如战场，职场上如何进行有效沟通，如何明确目标，如何说服领导，如何为专业赋能，本书将为你深度解答，让你成为职场赢家。

如果你在工作之余还有较多的空闲时间，建议不要再把时间花在刷短视频、闲聊上，本书将带你探索提升自己价值的兴趣，说不定事业的第二春就在来的路上。

本书有什么特点？

1. 七大模块，各自独立，阅读体验佳

本书一共分为七大模块，各自独立，每一个模块又分为若干小节，短小精悍，非常方便读者阅读。

2. 真人故事，贴近生活，易于借鉴

每一篇文章都是从作者自己的真实经历出发，通过分析经历中得到的启发和成长，读者能够找到自己熟悉的场景，非常容易借鉴并且用于自己的生活中。

3. 涵盖典型，实用价值高

本书汇集41个真实的成长故事，涵盖了现代社会中的年轻人在工作中、生活中会遇到的人际交往、职场晋升等场景，非常具有实用价值。

4. 作者都是来自不同社交平台的博主

本书作者都是社交平台上持续输出的博主（自媒体人），他们热爱生活，价值观正，勤于思考，乐于分享。读者可以轻松通过对应的社交平台，关

注喜欢的作者，进行进一步交流和学习。本书作者都很乐于交流，如果读者在阅读中有相关的问题，或者有自己的思考，可以通过对应的社交平台和作者们交流互动。

谁适合阅读本书？

- 想提前掌握社会生存智慧的大学生；
- 对未来感到迷茫的年轻人；
- 遇到困境的职场人士；
- 希望突破人生瓶颈的人；
- 自媒体从业人员。

阅读本书的建议

- 本书每一章节都互相独立，读者可以从任意章节看起。
- 对于每一章节的文章，建议读者阅读时思考作者处理自己的问题时的思维，以便自己有针对性地学习借鉴。
- 如对某作者感兴趣，可以在对应的社交平台关注作者进行进一步交流。

目 录
CONTENTS

第一章　利用态度，放大努力　/ 1

  乐观向上，才能反败为胜　/ 2
  听从内心的声音，把兴趣变成事业　/ 7
  调整心态，才能逆袭成功　/ 13
  远离负能量，修正心态自有幸福人生　/ 17

第二章　修炼心智，控制情绪　/ 22

  借茶修为，明心启智　/ 23
  不要让盲目追求完美毁了你　/ 29
  如何用摸索力摆脱焦虑和拖延　/ 33
  如何避免成为一个"分心成瘾者"　/ 38

第三章　言谈得体，艺术社交　/ 43

  普通人如何获得支持　/ 44
  如何在亲密关系中获得安全感　/ 48

悄悄谋划的婚姻，显而易见的安心 / 54
学会拒绝，让你的人生更轻松 / 59
不抛弃不放弃，学会与原生家庭共同成长 / 62
告别"讨好型人格"，顺其自然朋友自会喜欢你 / 67

第四章 破局思维，学会选择 / 71

趁青春，勇试错 / 72
认识自我，从自由行开始 / 76
敢于尝试，机会靠自己争取 / 81
遵从内心召唤，踏上无悔人生 / 85
发现天赋，绽放优势 / 90
接纳自己，才能做更好的自己 / 94
掌握主动权，轻松走出人生迷茫期 / 100
学会适当冒险，为经历增添一抹色彩 / 105

第五章 有想法，不如会行动 / 109

摆脱阅读困境，遇见高效的自己 / 110
坚持与自律，让我拥有更多的选择 / 114
提升认知能力，打破所有规则 / 119
在职场上践行长期主义，时间将为你绽放最美的花 / 123
美丽蜕变，刷爆你的"朋友圈" / 129
三个维度高效输入，实现认知提升 / 133

注重效率，没有质量何谈速度　/ 140

提高自我管理意识，助力开启智慧人生　/ 144

从迷茫到自律，我用记账检视法重拾方向　/ 150

持续学习，是收获最大的成长方式　/ 157

第六章　职场晋升，精准突围　/ 162

职场中如何进行有效沟通　/ 163

所有的幸运，都需要提前准备　/ 169

重建沟通逻辑，说服领导更有力　/ 174

为专业赋能，打造个人品牌影响力　/ 180

第七章　副业投资，财务自由　/ 186

从商务到博主，我的斜杠人生　/ 187

极致利他，开启事业第二春　/ 191

写作，人人都能学会的副业技能　/ 196

合理配置家庭资产，让投资变得简单　/ 201

投资自我：10 年，从负债 2 万元到资产 1000 万元　/ 206

第一章

利用态度,放大努力

我们总是听说:"你做事的态度,决定你人生的高度",但没有人告诉我们,该如何改变做事的态度。阅读本章,你可以学习乐观向上的态度,学习如何听从内心的声音、怎样调整不安的心态,以及远离负能量的方法。

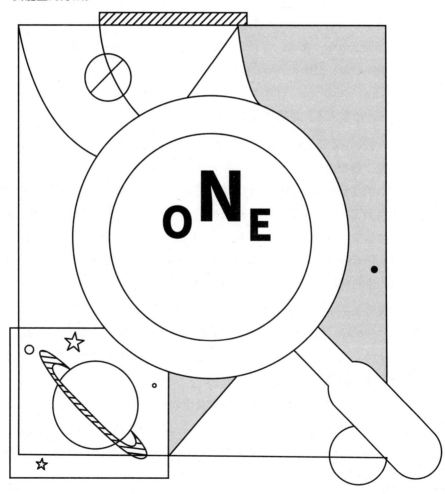

乐观向上，才能反败为胜

看过一个哲理小故事，分享一下。

桌子上有半杯水，乐观的人看到还剩半杯水，悲观的人看到杯子里的水没有满。

乐观和悲观，就像硬币的两面，选择一面，就意味着放弃了另一面。

23岁之前的我，是一个纯粹的悲观主义者；23岁以后的我，选择了乐观。我今年30岁，如果说前30年的人生有什么对我影响最大、让我受益最多、感悟最深，那么，保持乐观是排在第一位的。余生，我也会一直保持乐观的心态，把乐观的精神坚持到底。

一、乐观向上，是绝地反击的开始

"天若有情天亦老，人间正道是沧桑"。人间不缺沧桑和苦难。我眼里的乐观，是积极向上、永不服输的气势，是不向苦难低头的斗志，是在认清生活的真相之后，还依然选择相信美好、怀抱希望的勇气和自信。悲观是人在困境之下的无奈之举，而乐观是一种历经世事之后的明智选择。在社会生活中，每个人的一生都不缺困难和磨炼，于是意识到乐观的重要性，学会在困难和磨炼中保持乐观和积极进取的心态，让自己在困境中成长并取得人生的辉煌，就成了每个人都需要学习的课题。

我曾是一个从记事起就开始悲观的悲观主义者。我出身贫寒，小时候父母辛苦忙碌，我感受不到家庭的温暖，导致我的神经非常敏感：爱哭，内向，压抑。学习成绩还可以，但是日复一日缺少温暖的生活，在我的心里种下了悲观的种子。

可能是为了寻求外界的温暖吧！高中我开始早恋，一心逃避学习，原本成绩还不错的我高考时只考入了一所三本院校。高昂的学费和生活费、没有目标的学习状态、看不到未来的迷茫以及家庭琐事的烦扰都压得我喘不过气。我变得更加悲观和压抑，于是开始自暴自弃，放弃了学习，浑浑噩噩应付着生活。

在 2013 年年初，我大学还没毕业，我的父亲又患了重病，突然间让原本不富裕的家庭雪上加霜。这些打击对于尚未走出象牙塔还一无所有的我来说，真的是猝不及防！太残酷了！我无法再悲观和逃避现实了，我意识到自己必须要在困境中杀出一条路。这一年，我 23 岁。

当时我的精神状态很不好，去医院检查，被医生诊断为"中度焦虑症"。现在回想起来，那时候的我，感到没有路可走了，怎么会不焦虑呢？学习不行，工作未定，感情破裂，家庭又遭重创。跌到了谷底的我，只能慢慢爬起来。我开始面对当时的现实，在一片"现实残骸"中尽力寻找救命稻草，不再沉迷于悲观，转而开始寻找化解悲观的药。

二、乐观向上，是破茧成蝶的阶梯

那时有一些同学出国工作，但是我知道我当时的精神状态还不适合工作，需要一段时间治愈。也是机缘巧合，在一位老师的鼓励下我和小伙伴一起走上了考研的道路。这个时候，仿佛在绝境中开始有一束光在照耀着我的生活。

这束光，让我的生活出现了一抹色彩。考研备考真是太治愈了，在这之前我的人生还没有这么平静而满足过，每一天都在进步，坐在教室里我总觉得莫名地幸福，焦虑也被慢慢治愈。

好在学习底子好，文科考研又不是太难，于是，经过半年时间的努力之后，2014 年年初，我顺利地以笔试专业第三名、复试专业第六名的成绩被录取了。备考考研英语，也让我在失败三次之后顺利考过了英语六级。

对我来说，这就像一场梦。原来，努力真的有用啊！我为什么要那么悲观呢？！考上研究生这件事带给了我巨大的震撼。原来梦想和幸福可以这么简单！原来，我可以！

读研期间，我改头换面，变成了一个乐观而努力的人：积极向上，热爱学习。不管遇到什么困难，我都相信自己可以克服。风里雨里，图书馆里一定有我。功夫不负有心人，我取得了专业第一的好成绩，还获得"三好研究生"的荣誉称号。

2016年2月，我研二的时候，去韩国实习教了两年书。在此期间我认真工作和学习，不仅增长了见识、提高了能力，还获得了"优秀汉语教师志愿者"的荣誉称号。在韩国期间，我一边教书，一边完成了毕业论文的撰写。我为自己感到自豪。这份发奋努力的劲儿，来源于我相信我可以的乐观和不服输的斗志。

2018年1月，在韩国实习快结束时，我报名参加了美国大学理事会的项目。从韩国回国以后，我参加了该项目在北京师范大学的培训。研究生一毕业，我又有机会来到了美国。时间如白驹过隙，记得我第一次来到美国时的彷徨和紧张，如今已变成了自信和坦然。今年是我来美国的第三年，这三年，也是自我挑战和自我实现的三年。

在美国，我独自完成了很多之前没有做过的事情，如拿到美国驾照、买车、开车、独自一人居住和独自一人处理所有工作和生活相关的事情。体验和学习的同时，我也很享受这个过程。最有成就感的是，在独立生活的过程中，我获得了很多自由，并在专业技能上得到了提高，还获得了很多宝贵的人生体验和感悟。比如，对美国文化有了更深的了解，对美国的生活方式有了更深的体验，英语水平也得到了提高。

同时，我也学习了在美国如何跟上司和同事相处，如何对待孤独，以及如何让自己在不确定中持续成长等。在美国的这段经历和成长，也是我人生又一个新的开始。我又一次证明了自己：我可以。我相信我能带着这份宝贵的经历，一步步实现更高的梦想。

国外的生活是很考验人的，有工作和生活的压力，也有心理上的孤独。不喜欢孤独的人很可能无法适应。而我，早就习惯了独自承受一切和独自决定自己的人生方向，也习惯性地以乐观的心态来面对所有问题。所以，国外的生活带给我的更多的是自由和享受。

在美国三年，我在两个城市生活过，一个是内华达州的拉斯维加斯，一个是西弗吉尼亚州的马丁斯堡。2020年暑假过后，由于一些外部原因，我不得不换了城市工作。当时的一切都是不确定的。新冠肺炎疫情、签证、教师资格证、国内推荐单位以及国外工作单位等，每一个都是重要的因素，影响着我何去何从。我想，如果没有乐观的心态，我就没有足够的勇气来面对这些巨大的不确定。

三、乐观向上，是漫漫征途的明灯

面对同一种状况，不同的心态会带来截然不同的理解，因此也会采取不同的行动，导致不同的走向。没有乐观的心态，就没有决心考研的我，也没有后来出国工作的机遇。这几年越来越乐观的我，一直在用乐观的心态支撑着自己慢慢往前走。

无论今后遇到什么困难和阻碍，我都知道，只要打不倒我，我就要再站起来。我也学会了不计较。面对人生的难题，我总会想起一句话"凡所有相，皆是虚妄"。今年刚满30岁的我已经经历了人生的起伏。失败过，也成功过。起伏的转折点使我从悲观走向了乐观，不再自暴自弃，而是开始转向生命中阳光的一面，抓住所有机会对自己的人生修修补补，是心底的乐观帮助我一步步走到现在。悲观收获的只有失败，乐观才能反败为胜，让我享受到成功的果实，良性循环，让人生拥有无限可能。

希望看了我的故事，能让你有所思考和收获。希望你也能让自己的人生开启无条件乐观模式。

平平凡凡才是真，健健康康也值得感恩。只要足够乐观，任何难题都不是难题，而是你我继续前进的力量。让我们保持乐观并坚持奋斗，一起相逢在人生的更高处！

袁劝劝　微博情感博主@普通少女Yolly

2018年汉语国际教育硕士毕业，目前为美国在任中文教师。已有5年海外工作经验（两年韩国+三年美国），体验过不同国家的文化，曾获得"三好研究生""优秀汉语教师志愿者"等荣誉称号。

听从内心的声音，把兴趣变成事业

从小到大那些不曾留意的大小事，尤其是"叛逆"事件，越长大在记忆中反而越清晰。

原来，那都是内心深处的声音。

原来，热爱的事业，从小就在心里播下了种子。

原来，是内心的自己，牵引我踏上向往的彼岸。

我感谢自己一直都能聆听内心的声音，每一次抉择都成就了更好的自己。我终于把大家心目中的"不务正业"，却一直愉悦着自己的色彩穿搭爱好，变成了客户和朋友眼中的"生命事业"。

一、我的小确幸：平凡的当下正是儿时的向往

8岁那年，身为老师和长辈眼中"乖乖女"的我一反常态，据理力争与妈妈大闹一场。原因居然是，妈妈给我做的新衣服，没有提前跟我商量，做的不是我喜欢的花色。当时我也不知道为什么自己反应那么大。妈妈选的小碎花图案，是当时大部分小女孩都喜欢的。后来那件衣服无奈给了大我一岁多的姐姐，妈妈让我自己重新选了喜欢的花色。事情过去就逐渐在我脑海中淡忘和模糊了。

直到37岁，我义无反顾深入学习美学系统。顺利转行成为专业形象管理导师。在某个瞬间，这件事突然在脑海中清晰重现。我才明白，那是8岁小女孩内心的声音：想要通过穿衣服，来表达内心的自我，直觉告诉我只有做自己才最舒服。正如蒋勋老师说："美，就是回来做自己！"

现在我被人称为"会读心"的素人衣橱顾问，也是专业美学人才孵化导师。我拥有很多有相同兴趣爱好的朋友，成为心理和现实双重自由的创业者，疫情之下逆势租下120平方米的个人工作室。回忆一路走来的心路历程，我一直都在勇敢地做自己，8岁那年是记忆中的开始吧。

二、看似"莽撞"的人生选择，其实都在遵循内心

大学毕业以后，爸爸费尽周折给我找了城里最好的学校，想让我在那里当老师。我跟爸爸说，我想去深圳看看。到了该返程的时候，经过艰难的思想斗争，我还是决定留在深圳。之所以犹豫是怕爸爸伤心，其实我内心早就放弃了老师这个方向。我尊重老师这个职业，只是感觉不适合我，不是我想走的路。另外我真的很喜欢深圳，我做了好坏两种打算，不管未来怎样，都不后悔。

就这样，我在深圳留了下来。

真正清楚自己想做什么，是在深圳开始找工作以后。就像决定以后不当老师一样，要去服装行业的想法，也是很突然从脑海中蹦出来的，但又像是考虑了很久，异常清晰且坚定。现在回头来看，都是内心的声音在跟我对话，而我幸运地听到了。

功夫不负有心人，在深圳一次又一次面试以后，终于有家服装公司愿意录用我。不知天高地厚的我，却还要在心里盘算最后一轮筛选：品牌服装风格是否满意。不禁想起8岁那年，为了衣服跟妈妈吵架的事。在审美这一点上，从小到大我都有着异乎寻常的执着。于是好不容易盼来的服装公司职位，又被我放弃了。这时候，找工作差不多已经花了两个月时间了。

就在我差点妥协，将要到风格不是很满意的A服装公司上班时，我接到了B公司的面试通知。我立即在网上查看B公司的资料，居然一眼就喜欢上了这种风格，我很激动，充满期待，希望能够进入这家公司。这时同学建议我找个理由推迟去A公司的上班时间，等去B公司面试以后再决定。

但我没有这样做，一是觉得不地道；二是我非常自信能被B公司录用，有了希望就会充满信心；三是后来了解到自己有一个特质，那就是做事喜欢孤注一掷，不喜欢给自己留退路。这或许不是一个稳妥的做法，但却是能让我全力以赴的方式。

满怀期待去面试，遗憾的是没见到老板，后来才知道，这个老板玩心极大，做事无拘无束，时间观念不强，经常临时改变行程。当时的行政部

接待我的女孩叫芳芳，简单询问情况后，好心提醒我，以我的条件，见了老板机会也不大，因为他们都需要有经验的，听完之后我感觉这家公司是不会再通知我来面试了。

临走时，我请求去看他们的展厅，这一看不得了。设计独特，从服装设计到整体品牌形象，完全在我的审美上。其实当时我对审美这个词还没有概念，总之一眼就喜欢上了。我无奈又失望地离开，看了展厅以后有了更多遗憾，而且此时已经拒绝了A公司的工作邀请。

只得继续投简历。但我心里始终对B公司念念不忘。于是几天后，我厚着脸皮又打了一次电话，问他们招到人没有。还是芳芳接的电话，可能她觉得我很有诚意吧，她说还没招到，并且表示会再问问老板，有机会再通知我面试。这下我又重新燃起希望。但还是在一天又一天的等待中，渐渐觉得这只不过是拒绝我的一个托词。但我不甘心，也不想就这样放弃，再次打电话。心想就算被拒绝，那也尽力了，可以让我彻底死心。

这次得到的回复，果然足以让人彻底死心。芳芳郑重其事地说，老板很忙，时间行程不定，她也不好安排，而且据她了解，老板不会招我的，再一次劝我找找其他工作，别耽误了我。我放下电话，觉得自己应该死心了，也必须死心了。要不是后来发生的事，我也认为自己已经彻底死心了。

后来又联系了几家公司去面试，在去面试别家公司时，刚好又路过这家我心心念念的公司，还是忍不住给公司打了电话，还是芳芳接的，她一下听出了我的声音，客气地问我有什么事。

我问："你们已经确定不会聘用我，那我的简历对于你们来说没用了吧？"芳芳有点愕然，我接着说："因为简历上贴的照片是我最喜欢的一张，而且没有底片了，我刚好路过你们公司楼下，可以上来拿走吗？"虽然我说的是事实，但如果不是因为心系这家公司，我绝对不会想着去拿这张照片。

然而巧合却在这时出现了，她激动地说："那你在这里别走，老板刚好在，我问问他愿不愿意见你！"我心跳加速，连声说好。然后，转机出现了，两分钟后，电话响起，她说你赶快上来吧。

上楼以后芳芳直接把我带到了老板办公室。我还没站稳，老板就直接对着芳芳说："给她一个月时间，负责自营店，行就行，不行就让她走人，一个月1200元不包吃住"，接着朝门外摆手示意我们出去。老板言语里充满了不屑，而我却喜出望外，态度、工作内容……我统统不在乎，别说给1200元，免费我也干。

其实这个工作可以做得很轻松，把单子交给仓库，配好货安排司机送到店里就行。但我很快发现当时的工作效率极低。从店主下单到收到货品，居然需要两三天，而事实上是可以当天收到货的。于是我去各个店铺走了一圈，了解大概情况以后，就开始思考找方向努力。从小到大，我数学成绩最好，以至于大学也选的数学系，我很喜欢分析数据和整理流程。

一分析发现从仓库到司机，大家都是被动做事，导致效率极低，信息沟通不畅，货品流通不好，大家除了看销售总额，完全不看数据……

针对这些问题，我从进销存报表入手，密切关注货品流向，深入分析后，试图盘活4个店的货品组合。把店员考虑到的问题都考虑到了，店铺间也根据销售情况进行调配。但因为是新员工，关联部门的同事不太配合我，所有新人该遇到的问题我都遇到了。比如，我很想早点送到店里的货品，仓库却把我的单压到最下面；司机也以各种理由推托；有疑问请教老同事，他们却爱搭不理。我尝试努力但并没有什么效果。从小没受过什么委屈的我，好多次偷偷在角落掉眼泪。

是金子总会发光。上班一周以后，自从我上班后几乎没有跟我打过照面，更没有说过话的老板突然把我叫到办公室。老板说，没看出来，你这小姑娘挺厉害呀，店员们都在夸你，说你给他们配货以后，销售业绩翻了几番呢。原来老板经常顺路去自营店巡店，店员们都向他反馈说我很负责。

接着老板问我是怎么做到的，我大概把自己的工作和想法跟他说了以后，他立即把仓库、司机还有另外几个工作相关的同事叫过来，交代他们以后要密切配合我的工作，说货配得好，我们自营店也可以卖得更好。

从此以后，工作进展顺利不少，但碰到同事们忙得不可开交的时候，我仍然是以效率第一为目标,"自己动手,丰衣足食"。当时我想法特别单纯,就觉得工作来之不易,我又很喜欢服装。关键这个品牌的衣服设计得很独特又大气,我心甘情愿去做,一点也不觉得累,只想着把当前的工作做好。没想到第二个转机也走向我,这让我有点措手不及。

有一天老板来公司突然大发雷霆,原来最近有一个区域的客户,全线向老板投诉,每天吵得他不得安宁。问话负责的同事,不但没有提出实质性的解决方案,还抱怨客户难缠、推卸责任。老板突然指着我宣布:"你们俩调换工作,你来负责这个区域客户"。我很意外,也有点忐忑,说:"我能行吗?"老板说:"我说行你就行,流程跟自营店一样的,你来做就可以了。"

了解大概情况后,我开始给客户们打电话。我首先代表公司道歉,同时了解每个客户面临的问题,并承诺了解完整体情况马上解决。一开始,几乎所有客户都怒气冲冲,但当我问清具体情况并诚恳道歉,引导他们先解决问题,保证销售最要紧时,大部分客户都开始配合我。等到两个反应最激烈的客户平息下来后,基本情况我也都搞清楚了,我快速把所有客户手里和仓库里的货品进行重新分析。最后,我成功地化解了这次投诉危机,进一步获得了老板的认可。

这一切都是因为我听从了自己内心的声音,明确目标,确定奔向我想要的方向,内驱力促使我更愿意主动付出,所以我才能快速做出一些成绩。后来,随着公司业务发展,更多新同事进入公司,我顺理成章被提升为主管、经理。

又因为我对市场信息触觉敏锐,给设计和版房等各部门提供了很多有价值的信息,在后面的三年里,我一直在接受新的挑战和职位,学习了更多的技能。在沟通交流、部门协作、货品调控、数据分析、重要决策等多方面锻炼之后,我的综合能力得到了极大提升。

三、内心的声音越坚定，儿时的愿望越能实现

经历过这些事情以后，我越来越坚信自己的选择。在后来的十几年里，我一直沉淀在服装行业，从一个小小的自营店跟单员一路走到公司的核心职位，统筹公司整体大局。在每个接受挑战的重要时刻，我都勇敢地选择听从内心的声音。直到后来结婚生子，因为家庭我选择离开职场，我也非常清楚自己的目标，就算在当全职妈妈的那几年，我也明白每个当下什么对自己才是最重要的。

而不管身在职场还是家庭，我一直都在**坚持分享搭配**。从小我就在心里种下了种子的美学行业，刚开始在旁人看来，色彩和搭配是肤浅没有内涵的，是传统眼光里的五花八门，不务正业，但对于我来说，是忙碌之余的精神寄托，是生活里的小确幸。也正是因为这种长久坚持，我逐渐认识了越来越多喜欢我的人，他们给了我更多的力量。

直到37岁时再次在更强烈的反对声音当中，义无反顾地去学习专业的美学系统，我开始帮助越来越多的人，得到越来越多人的认可，也终于通过自己的兴趣和热情赚到了钱，收获了很多优秀的有相同兴趣爱好的朋友，真正实现了把兴趣变成事业的理想。

> 焦细华　　微博时尚博主@佑源美学范
>
> 资深衣橱穿搭教练、私人选款专家、美学创业孵化导师。多年服装行业经验，37岁成功将兴趣转变成事业。为客户定制专属品牌形象，影响20万+女性注重形象并受益。

调整心态，才能逆袭成功

回顾从小学到研究生一路以来的学习历程，我发现每个阶段刚开始的时候，我并不是顶尖的学习高手，但往往到了后期阶段我却总能超越大多数人，成为老师、同学眼里的"黑马"。由于有着这样的个人特色，我始终把自己定义为一个慢热的逆袭型选手，并且相信：一件事情，只要我想做好，越到后期我就越能交出令人满意的答卷。

人们常说：好的开始是成功的一半，但从我自身的学业经历来看，即便没有一个好的开头，我也常常能在后期"化腐朽为神奇"——总能成功逆袭的秘诀不外乎二字：心态。下面我就和大家分享一下我是如何凭借好心态完胜的，希望能起到抛砖引玉的作用。

一、直面问题，设法解决

高中的时候，我是班上的英语课代表。仗着自己有语言天赋，我在英语学习上花的工夫自然就少了些，时间都匀给其他学科了。直到高三上半学期，老师带着我们真正开始进行高考英语口语的人机模考时，我才突然发现：我自以为很优秀的口语，其实并没有达到一个很高的水准。

高考英语口语考试的最后一部分是一道综合考查考生听说能力的题目——考生需要先听一段 2~3 分钟的故事，每段故事仅播放两遍，然后得在 1~2 分钟内将故事大意完全复述出来。

第一次模考的时候，我信心满满地进入考场，没想到最后成绩并没达到预期，一些平时笔试成绩不如我的同学成绩反而都比我高。我开始认真思考、分析我口语部分的强项和薄弱点所在——我发现虽然我的发音很标准，但速记能力和复述能力并不强，导致在最后一个综合听说题目失分较多。

于是，我直面存在的问题，开始了为期三个月的口语攻克计划：每天晨起之后，朗读 1 小时，增强语感，设置倒计时来尝试复述朗读的内容，并录音复盘哪里讲得好、哪里讲得不够好，然后不断练习，一直讲到自我满意为止。

最终，在日复一日的坚持下，我的高考英语口语成绩以满分画下完美句号。

二、借智发力，乘势而上

如上文所说，我由于在英语学习上比较有天赋，平时就会把部分英语的学习时间匀给其他学科，这当中语文就是我重点关注的科目之一。小时候，我的阅读习惯并没得到很好的引导与培养，这导致初中以来语文成为我常年拖后腿的科目；高中时语文学科我是 99 分的"常客"（满分 150 分）。这其中原因我自己再清楚不过：输入太少，导致输出速度慢且质量不高，我就经常有"作文写不完"或者"言之无物"的困扰。

但我向来不是一个逃避问题的人，我总会选择抵抗力更强的一条路，知难而上、努力突破"舒适区"——我开始安排了一系列的定时话题写作练习，并且开始摘抄报纸、杂志中出现的可以当作借鉴、仿写的篇章段落。

通过一段时间的自我写作练习，我发现提升效果并不明显，于是我立刻调整战略：我把我的每一个写作片段拿给班上写作常拿高分的四五个同学看，让他们给我提出针对性的修改建议，然后我再仔细琢磨他们提供的改法具体好在哪里，从而进行一遍遍的修改。

就这样，在每个写作段落都不断修改—复写—修改—复写的魔鬼训练之下，我在高考语文学科考试中超常发挥，拿到了近 130 分的高分（相对于我之前的 99 分而言，我觉得自己还是取得了比较大的进步，并感到非常欣喜和骄傲）。

其中最大的提分秘诀，我总结为一句话：没有谁可以独步天下，每个人都有自己的长处和劣势，当凭借自己的力量没有办法实现目标时，我们可以设法去将别人的长处最大限度地变为己用，借智发力，最终取得成功。

三、快乐日志，汲取动力

相信从上文中大家不难看出：高中后期的我为了补短板，过得还是挺努力、挺不容易的。其中的过程，光看文字描述都如此艰难曲折，个中辛酸滋味可想而知。

那在重重困境中如何不断调整心态、去面对困难并成功逆袭呢？我在这里不得不提到一位对我影响颇为深远的高中同学，这位最终考入北京大学的同学的言传身教，让我学会如何在逆境中克服自身的负能量，从而调整自己的心态。在这里，我也想把这个在我身上行之有效的方法和各位分享——写快乐日志，记录自己每天的小确幸和点滴进步，从中汲取前行的动力。

在我成绩陷入低谷、心情郁郁寡欢的时候，我的这位同学常常会叫我读一读她的快乐日志。在她的文字中，我看到了每一份小确幸带给她的惊喜，无论是生活中爸妈的关怀还是学习中她取得的微小进步，每一个幸福的点滴都被她一字一句、认真地记录了下来。

她这本快乐日志激励了我，不久我也开始了我的记录之旅：我开始尝试在每一次考砸的时候，努力发现自己做得还不错的地方；在每一次考试取得进步的时候，分析自己具体的调整计划，写下对自己的赞赏，并思考下一步可以做哪些改进、持续提升。

在这样不断地记录微小进步的自我鼓励之下，我顺利地在逆境中养成了一颗平常心：胜不骄，败不馁。失意时，我能看到自己做得好的地方并自我悦纳；得意时，我能看到自身仍有待提升的点并自我精进。

最终，我的好心态引领我在高中后期弯道超车，让原先处于中下游的我成功跻身班级前列，并在高考中取得不错的成绩，进入理想的大学，以致后来本科毕业、工作后我再成功考研，都离不开我的这种好心态。回顾一路逆袭的学业历程，我只想以亲身经历告诉大家：调整心态，才能逆袭成功。

陈儒雅　外语教育类博主@元气外语

　　本科毕业于中山大学外国语学院日语系和日本福山大学人文学院人文系，留日两年，硕士毕业于香港科技大学人文和社会科学学院国际语言教育系，曾任上市成人英语培训机构通用口语教师及著名英式国际学校海外分校的日英双语老师，4年工作经验，教授学生上千人，擅长外语教学；曾获中山大学戴镏龄奖学金、广岛国际中心留学生奖学金，全国日语配音大赛暨全国日语播音大赛二等奖；留学期间曾主持第13届日本广岛县高中生英语演讲比赛。

远离负能量，修正心态自有幸福人生

很幸运，能分享这条可以改变你未来的人生建议——

千万要远离一切负能量的人、事、物！因为负能量会使你的人生陷入低谷，让你整天生活在焦虑、惶恐、忧郁之中，然后你将整天浑浑噩噩，最终一事无成。

这不是危言耸听，负能量的人、事、物带来的不是一点半点的不愉快，而是连锁的倒霉效应，一步一步地颓废，最终把你拉下深渊，难以翻身。

一、能量直接影响生活

万事万物都有独自的能量，当和我们互相接触时，我们也会受到其他的能量影响，而产生不同的感受。

能带给我们正面感受的，令人心情舒畅，让我们生活得更积极、开心、幸福，这就是正能量。往往正能量的人、事、物不多，但每次接触后，你会感到身心焕然一新。那种感觉就像做完运动，满身臭汗后，洗个热水澡，从头到脚都洁净一新，全身都舒畅轻松。

但不幸的是，工作压力沉重，家人不体谅，爱人之间的摩擦，财务紧张等，使我们的生活环境充斥了很多的负能量，把人压得喘不过气来。负能量得不到排解，循环往复，会让生活看不到希望，心中也被负能量遮蔽，看什么都是灰蒙蒙一片。

二、心态不稳招来负能量

每当客人生活上遇到不顺的事，过得不愉快，或者觉得很倒霉时，都会找我咨询。但当仔细分析前因后果，就会发现其身处的困扰处境，除了一些不可控的因素影响之外，也与他们当下的心态有关。

人生总会遇到不如意的事，当中十有八九，亦是自己心中的负能量招惹来的。经过我多年临床经验总结，想要改善困境，成就幸福人生很简单，只需要修心修德，提升正面气场，不逃避自己人生的责任，从根源上清除负能量，自然不会把糟心事、是非小人招惹过来。

每个人总会不自觉地吸收负能量，尤其在遇到困难和挫折时，负能量更是"蜂拥而至"，把人压得喘不过气来。

有位姑娘，过了适婚年龄，自问要求不高，一直说遇不到好的对象。据她所言，之前的几段感情也是痴心错付，遇到的都是"渣男"，然后就熟练地数出男方的一堆缺点，以及自己怎样全心付出都没有回报。但真的是因为她不会识人吗？全都是"渣男"的错吗？当然我也不是为"渣男"平反，若生命中遇到一两个，我会觉得是运气问题，刚好这段时间运势不好吧。但若每一任前任都被她数落到一文不值，都堪比陈世美，我就不得不怀疑，真有这么巧吗，什么"极品""人渣"都能给你排着队遇上了……当然经过咨询和分析后，终于找到问题所在，找到了"渣男"产生器的开关在哪里。

三、情场犯错成负能量种子

其实上述姑娘的每一任前任是不是真渣，我都没有兴趣评判。但是她怎样处理和看待与前任的过往回忆，却直接影响到她日后的人生。从她的能量了解她的过往后，发现她负能量的源头是二十多岁时的一场亲密关系，她和公司同事在一起，对方高大威猛，充满阳光气息，可媲美二三线的明星艺人，虽然男方本有家室，却为她填补了心中对恋爱的期盼，她深陷其中，不能自拔。

她在理性和道德上知道这是不能被社会容忍的，但情感上她却不容许自己抽身而退，更重要的是男方也不容许她退出。世上并没有免费的午餐，男方看上的除了她的青春，还有她能力卓越，能为公司撑起半边天。

这种不道德的关系，却在她心中种下了影响她未来十多年的负能量种子。两人的关系只能地下进行，不能公开，这种在爱情和现实中的扭曲、没有未来的感情，一位初尝恋爱的小女生又如何能承受得起。

自此之后，负能量在她心中衍生，负能量即是内心的显现，自然对这个世界就不友好，后来的故事就很简单了。一个充满负能量的人，其言行举止都散发着负能量，"物以类聚，人以群分"，正能量的人在初步接触后，自然敬而远之；留下来的人要么素质很差，要么就是负能量爆棚。

找到问题的源头所在，就可以进行下一步，对症下药。

四、心态走偏，人生也会走偏

心是我们构建世界观的工程师，心态不稳，你的世界就会千疮百孔。心态不同，看到的世界也会不同。就像高清蓝光影片的解像度，和VCD光盘的像素差距。若是心中充满负能量，就堪比那些天桥摆地摊的影碟，拿在手上也要亦步亦趋，根本不敢抱有期望。

就像刚才的姑娘，源于曾经的经历，由一段刻骨铭心的爱情开始，为内心植入了多种负能量的观念。她首先要反省自己，正面承认自己的不足，也要辨别对错，很多是强加于男方的怨恨，只不过是想掩盖自己的污点。

不愿面对不足，而抹黑对方，攻击对方，除了自欺欺人，让自己扮演受害者的角色，让人同情外，并没有任何好处。上天让人遇到挫折、遇上阻滞，错而能改，一步一步修正，就是为了成就更好的自己，为了让后面的人生少点悔恨；不改正则只会一直重复犯错，轮回下去，周而复始，直到越陷越深。

她已认定了男人没有好人，肯定是他们辜负了她，她自己没有错，有错也是男人的错。和第一位俊男相处时，他既有家室也负她众多，以致给她造成了影响。人的心就是这样，第一印象永远很重要，一开了头，再要修正就更费功夫。

所以我强烈呼吁大家不要插足别人的感情，除了从道德层面外，这也在心中世界开了不好的头，如果后面没及时修正好，则一步步陷下去，恨错难翻。

心理上，人一旦心虚，有了固有观念，通常也不会自己认错，首先会投射到身边的人身上。比如,自己当过第三者,则总会幻想另一半外面"有人",整天疑神疑鬼,自己吓自己。一有什么意见不合,不论另一半外面是否真"有人",也总先归咎于他外面"有人",而不是专注于解决问题。

因为对她来说,本就不想解决问题,解决问题要付出的努力很多,但把对方判定为"渣男",把所有错误的因素都绑在他身上,当然马上轻松多了。日积月累,自己没错,有错也是别人的错,这种心理暗示逐渐形成,对方没错也要安罪名,不然她就没法面对自己。

五、找突破口,由浅入深

我让她先从上一任前男友开始和解,我细看分析后发现,客观上的种种迹象说明,对方待她不薄,就选这个作为切入点。对方先是把几十万的存款放在她名下,作为诚心共建家庭的启动资金。平常出门也是男方花钱,每年还带她四处游玩,贴心体贴,其实也没有大的缺点。

问题出在三观不合,对方一是不喜欢她总是算计来算计去,神神叨叨的;二是不满她在朋友间挑弄是非,整天拉人站队。最后终于忍受不了,和她说分手,她当然接受不了,一遇不顺,内心的负能量蜂拥而出,自动抹黑的防御机制立马启动,把男方一顿"黑化",把他和他身边上到六十岁,下到十八岁的女性,都编出一堆故事来。逢人必说,到最后把自己都说服了,把两人曾经美好的回忆都撕个稀巴烂,阳光明媚最后变成腥风血雨。

为化解负能量,我让她回去先把这些故事写下来,静坐独思,面对本心,一一去分辨,哪些是虚有其事,本来无一物,只是她自己创作抹黑,编造出来的。

这么严重的负能量,当然一次也不能治好。这位姑娘第一次整理出来的东西,看来还是口气很强硬,说到对方都是大错特错,自己就只承担些鸡毛蒜皮的小错处,如不做家务、经常花钱等无关痛痒的方面。不过也算是为内心打开了些微缺口,把负能量一点点清理出来。

我让她再重复整理,做了第三次后,她终于松动了不少,总算愿意面对现实，对自己的内心承认是抹黑对方，对方没有想象中那么"渣"。踏出这一步后，她自己亲身的感受是如释重负。此时她才意识到，原来一直在身上背负了这么多不必要的枷锁，之前天天骂"渣男"的痛苦，都是自作自受。

不要小看这一步，当你承认自己的错误，不再把过错都诿过于人，说明你就不再往内心倒负能量，才有重生的可能。

后来她如法炮制，把之前的几任前任的"罪状"又重审一遍，每一次都感觉到脱胎换骨。不只她自己感受到改变，在初步的疗程当中，她身边的家人、同事、闺密看她都似换了个人，觉得她不再那么郁郁寡欢了。

奇门君 微博认证星座命理博主@奇门君

毕业于香港中文大学哲学系，兼修宗教研究、教育心理学。现任多家国际企业顾问，10余年咨询经验，擅长企业咨询、情感咨询，深受企业客户欢迎。

第二章
修炼心智，控制情绪

　　掌控情绪，修炼心智，从来不是一件容易的事，你是否因追求完美而迟迟完不成领导安排的任务？是否无法摆脱焦虑，时时刻刻都在拖延？做事是否分心不断，无法专心致志？本章将通过4个小故事，带你了解修炼心智，控制情绪的本质。

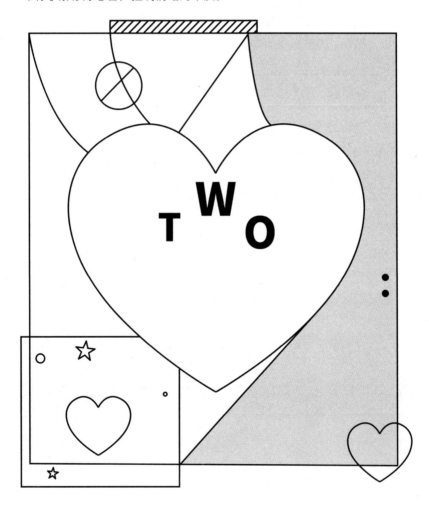

借茶修为，明心启智

一饮涤昏寐，情来朗爽满天地。

再饮清我神，忽如飞雨洒轻尘。

三饮便得道，何须苦心破烦恼。

此物清高世莫知，世人饮酒多自欺。

唐代诗人皎然一首《饮茶歌诮崔石使君》将饮茶之乐趣一一道出。

2005年底，因为我的先生我也走入茶的世界，喝茶、学茶、教茶，天天与茶打交道。在茶的世界里浸泡了四年，我原本急躁的性格慢慢有机会静下来。

2009年，因为茶我开始了素食的生活。茶禅一味，茶，洗涤了我急躁且好强的脾性；素食，净化了我灵魂深处的贪嗔痴慢疑，让我逐渐变得接纳和包容。

一、以茶为媒，开创事业

我出生在安徽阜阳，生命中的前28年跟茶几乎没有什么交集，且家乡也不产茶，喝茶也是拿着大壶随意冲泡，并没有太多章法。

不能喝绿茶且不懂茶的我，怎么就爱上了茶？而且可以一直坚持十余年，最终茶成为生活中不可或缺的一部分，越做越清静，越做越幸福……这个问题好多人都问过我。

我与茶的缘起，要感谢一个人，那就是我的先生，我的茶学启蒙老师。

他是广东潮汕人，从小茶不离手，早、中、晚无论什么时间都会喝上一杯茶。

那是在2005年，我们的女儿刚刚出生几个月，还在哺乳期，我就悠闲地在家休假。而我的先生除了上班时间之外，就是在家陪我们娘俩。他每天早餐前会先坐在茶桌前倒腾他的茶具，每每看到他把普洱茶如获珍宝地从茶瓮中取中，再投入茶壶中，随着升腾的热气，一缕温暖的香就钻进了我的鼻子，他也总会习惯地给我喝一口，香香的，苦苦的，我并不喜欢，但却总会期待，期待看到先生泡茶的这个过程，还有跟我有关系的那一缕茶香……

先生对茶的求知和探索，引发了我的好奇，就是这点好奇，让我至此与茶结缘，走入茶的世界。这份好奇成了我爱茶的初心，让我与身边的有缘人，分享一杯茶的美好！

2006年3月，闲不住的我，就凭借着这一股好奇激发的热情，开始在互联网上做茶的销售和传播。我没有经验、也不懂茶，只想知道，为什么先生如此好茶，花这么多时间与茶在一起。

这一切的一切，在某种程度上可以说是先生在推着我往前走。说实话，那一刻来得很突然，但很庆幸当初我接受了这样的安排，开始出发。

2006年的广州，受港澳台品茶文化的影响，普洱茶市场充满了机会和挑战，这里的人们对普洱茶充满了热情。因此可以让我这样初踏寻茶之路的新人有机会顺势而上，再借由互联网的优势，在短短3个月的时间里打造爆品，我通过寻茶、试茶、在网上免费赠茶、把茶叶信息带给相对滞后的内地城市等方式，让各地的茶商、茶农们可以第一时间在互联网上搜索到茶的最新动态和行情。当然我开创的互联网平台"××普洱茶"也因此红极一时，在别人受益的同时，也让我小有收获。

于是我又开始在线下开设体验品茶活动，我们的私房茶艺馆应运而生。当茶艺馆（那时候还没有茶姐姐这个名字）用一份真诚，呈现出第一缕茶香时，感召了羊城的好茶之人，他们慢慢地走进、坐在茶艺馆里闻香品味，这绝对是当时最时尚的文化消费及文化引领。由刚开始的猎奇和试探，到逐渐变成习惯和需要，这种转变让我身边被惯性带着奔跑的朋友们，愿意停留在那个被叫作"××茶苑"的小院里。

二、探寻茶源，不忘初心

2008年，我从茶苑转战到茶叶市场，生意越做越大，越来越无法满足于最初"能喝一杯好茶、吃一口好饭"的想法。

那时我一面经营，一面开始对茶进行探索。我开启了寻茶之路，寻茶源、访茶师、探茶山，行走在这些茶山里，踏上一段关于茶的旅途。每天忙前忙后都是茶，却再也没有心思静静地坐下品杯茶。

我想得最多的就是：如何把茶卖出去，如何留住老客户，如何开发新资源。而忘记了茶给予人的意义，更忘记了最初所学的茶道精神，钱赚到了，资源拥有了，我却变得越发让人难以靠近了。寻找到了茶的源头，却把自己给弄丢了。

直到2009年，素食让我进入禅的世界，"借茶修为，以境养心"，目的是借由茶找寻迷失的自己，于是我重新走上寻茶的旅程。这次并非只为寻茶，而是借由寻茶之旅，开始茶修，也就是找寻中国人精神的源头。跟随着茶的引导，去寻师、去访茶、去阅读、去实践、去分享。

找寻茶源，并非出于好奇心，应是发自我的本心，在成为茶友们桌上那一道青翠或金黄的饮品之前，它在什么样的环境里生长，它经历了怎样的故事？万事万物皆有性，见茶性，通人性。

即便是在茶的纯自然属性中，我们依然可以窥探到最奥秘的人文意趣。大自然开辟出了最符合天意的茶之原乡，只为这植物界的幸存者，能与人类相逢。故茶虽隐，却并非摸不透看不着，只要了解它的内在与外在情境，即可进入茶的世界。内在因素，就是茶的品种；外在因素，就是影响茶品质的天、地、人三元素。

就茶的品种而言，许多喝茶的人都分不清饮茶者辨识的不同口感，就是不同茶的品种，这也是影响茶风味的重要因素。

身为繁忙的现代都市人，不妨停下脚步啜口茶，思考下一刻该何去何从。茶，可以只为了解渴，也可以静心养性，陶冶情操。

三、借茶修为，成就人生

在华夏民族的文化中，茶占有一定的地位，是早期修禅的人为了避免静坐修禅时睡着而开发的饮料。茶提神醒脑、安定人心、使人学会放下。我们身处的环境、所得的缘分，包括痛苦、烦恼在内的种种，都有它的意义，而在行茶、茶修的过程中，可以让我们接纳这一切，感谢这一切，从而得到幸福！与咖啡比起来，茶同样有补气提神的效果，但茶似乎不会诱发肝火。这是茶与咖啡在作用上最大的不同。喝茶要配合好的茶具，好茶叶要用好水、好的煮法来配合。

由于常年坚持素食和茶修，我对于茶有着基本的敏感度，后来大量接触的高山茶与有机茶，开启了我对茶细腻觉知的大门。近十年来，我在素食、瑜伽、茶修的修持下，培养出对茶的香、味、韵、气以及化学残留等方面特殊的评鉴力。纯天然的茶，进入体内的感知与美好，与施用农药与化肥的茶，有着很大的差异。我在选茶时，特别强调茶的干净，体现在三个方面：一是种植时的安全；二是制作时的卫生；三是储存时的环境。

我开始思考，茶这个看似简单，却水深似海的领域，应该怎么让更多的爱茶人进一步认识。不仅仅局限于茶叶安全和口味，我在习茶过程中的品茶心得，以及自己内心对于茶道世界的探知与向往，都可以和有缘人进行分享！

很幸运，这成了我工作的自然延展！

我们身边的大多数人工作和生活是分开的，即工作是工作，生活是生活。而我的工作和生活，却是合一的。

茶已经成了我生活的一部分，从柴米油盐酱醋茶到琴棋书画诗花茶，所传递的无外乎都是生活，而境界、修为不一样，决定着生活方式的不一样，所呈现出来的结果也就有所不同。我的生活就是我的工作，我的工作成就了我的生命价值。当明白了生命的真实意义后，我的生命将升华我的生活。

多年来，我每天都做一件事，学茶—习茶—教茶，把所学所悟运用到家庭教育当中，切磋琢磨，久而久之，也就把这种清心雅致的素生活，通过线上教学、线下茶会的形式传递给了更多的有缘人，我也随之走过了属于自己的人生里程碑。

茶修，是热爱生活的我们，从一杯物质的茶开始了解茶性，明了茶与水、茶与器、茶与人的美妙链接，找到一杯茶最佳的表达方式。同时，在冲泡的过程中理顺人与自己、人与人、人与自然的关系，并因为专注而获得安心，因为简致而获得宁静，因为谦恭而获得和谐。它是持续终身之旅，我尚在路上。

面对不断变化的环境、难以预测的未来，我们该何以自处？何处安心？读万卷书、行万里路、自我检视、向经典、名师请教，一样都不能少。借茶修为，明心启智，不断反思，最后和自相矛盾的自己达成和解。

在日常生活中，觉察之、实践之、借事炼心，不管它来自何方；在经典中寻找智慧，反过来照进现实，如此这般循环往复；茶修，遵循茶道精神，自我修正、重在践行！

如果在你身边，有一位爱茶的女子，朋友们都亲切地称她为茶姐姐！那就是我了！我爱茶，更爱生活中上天所恩赐的每一天；茶改变了我的生活方式，让一个像风一样的女子安静下来。

如果你也是一个对生活有追求，对未来有向往的女性，请和茶姐姐一起从今天开启"借茶修为，明心启智"的旅程！

> **陈云凤**　微博职场博主@茶姐姐-
>
> 心理咨询师，并任广州市心理咨询师协会理事，是iEnglish类母语训练营讲师；高级评茶员、二级茶艺技师，茶修16年，素食12年，是中国管理科学研究院研究员。擅长领域：亲子关系、亲密关系、情绪管理等。

不要让盲目追求完美毁了你

从小到大,我一直是大家口中的"别人家的孩子"。中学考试必须进前十名,出国留学得拿全额奖学金。人生前二十年运气爆表追求完美,却没想到工作之后,我被自己引以为傲的"追求完美"的品质拖累,差点把我的第一个重要项目搞砸。

一、盲目追求完美,只会拖延工期

2017 年,我刚刚大学毕业,在美国的一家制造企业做机械工程师。在我圆满地完成了几个小任务后,我当时的老板 Chris,交给我一个大项目——半年时间,为整个生产车间做数字化转型。

我的第一反应很激烈,作为新人能得到老板的重视,自然要好好表现。那怎么好好表现呢?学生时代的成功经验告诉我,只要尽力把每个细节都做到完美,结果自然就会好的。殊不知这就是噩梦的开始。

"数字化"听起来高端,但是具体怎么做,我一点经验都没有。我就先从做计划入手。这本身无可厚非,也是项目管理中必要的一步。但我却在做计划上花了一个月!在整个项目周期不过 6 个月的情况下,相当于白白浪费了一个月。

Chris 一向不干涉我的具体工作方式,但在知道我花了一个月做计划后,找我谈了一次话,开口就是:"你在怕什么?"

我一开始还不愿意承认,支支吾吾地说:"我是为了项目后面不出意外,考虑所有的风险和可能发生的情形,提前做好准备。要把计划表的内容和格式都做得完美,需要一定时间,所以才花了这么久。"

Chris 却告诉我:"计划表做得再完美,一点意义也没有。计划永远赶不上变化,形式上的好看是次要的。我倒觉得你更像是在用完善细节做借口,一直拖延,不愿意真正着手做。其实,哪怕以 60 分的水准,保证项目按时落地,也好过为了追求90分的效果,最后完不成项目。"

我突然愣住了,这是第一次有人明确地跟我说,过分注重细节不是好事,反而是拖延症的一种。说是追求完美,其实不过是为了逃避找的借口,假装努力而已。

二、拟定做事框架,结果自然完美

明白过来之后,我不敢再耽误时间,立刻开始真正开展这个项目。余下的5个月时间里,其实最初我依旧处在摸索的状态。但是通过不停地了解车间工人、工程师、管理层的需求,跟或大或小规模不同的供应商交流、并实地拜访,我自然而然地了解了要将一个工厂数字化,每一步该怎么做。

同时我仍在时间允许的范围内,把每个步骤、每个幻灯片演讲、每封邮件都做到最好。依旧追求质量,却不再用"完美"来限制自己,我反而找到了自己的节奏。

因为我意识到,原来不是细节的完美给了我信心,而是对一个新事物,从未知、到逐渐了解、到熟悉的过程,为我建立了自信。

反思学生时代,我误以为追求完美是我获得好成绩的主要原因,很大程度上也是因为,我只是按照老师定好的学习计划执行而已。虽然自由度低,但变相消灭了我主观上逃避、拖延的可能性。即便我再沉迷于将笔记做得好看,或是纠结于搞懂每一个小知识点,每天我的任务仍是按计划学习。毕竟该考的试,不会因为我来不及复习就推迟。

现在我已经工作了5年,哪怕跨国跳槽到了金融行业,我依然保持了"先完成再完美"这个习惯。比如,做幻灯片讲稿时,我不再纠结于每一页的文本框是不是在同一水平线,而是先把框架搭好。哪怕内容先空着,也列好小标题。这样一边推进项目,一边往里面填内容。项目做完,自然就完成了一个60分的初稿。在这个基础上修修补补,成品基本可以稳定地保持80分的水准。

三、时间不足,那就只做最重要的

工作之后,我才发现原来像学生时代那样,能够有时间打磨每一个细节,是一种奢侈。我现在做的投资分析工作,有时会紧急到两周内就得敲定条款的细节,并准备好汇报材料。

时间不足,怎么办?

其实换一个角度来看,时间不足,或许正是一个倒逼自己的好机会。

来不及事事等待领导决策,那就学着自己做决定,判断哪些条款是底线,哪些有妥协的可能性;来不及在汇报材料里呈现所有的角度,那就只挑最重要的那一个,深挖到底层逻辑,讲一个漂亮的故事;来不及每天开会,那就推行邮件同步的方式,让整个团队都从高效沟通中受益。

回过头看,正是当时那些"赶鸭子上架"般的紧急任务,促进了我的快速成长。

比如,慢慢地,我形成了自己的决策判断体系,领导放权的特例似乎成了常态;我的汇报形式化繁为简,被总结成为模板;团队好像也习惯了提前预习会议的内容,带着解决方案开会效率更高。

正因没有时间,所以不用理会那些繁文缛节。去掉烦琐的流程,省略茶水间的闲谈,余下的精华,就是时间帮我做的选择。

在工作中,对我来说影响最大的教训,就是不要让盲目追求完美毁了自己。就像三年前的我一样,差点完不成任务、造成实际损失不说,时刻以完美要求自己也会造成很大的心理负担。现在的我,依旧注重质量,但尽力而为,因为完成比完美重要一百倍。哪怕时间紧张,我也能分清楚轻重缓急,分门别类推进工作,交出令自己满意的答卷。

孙露沁　　知乎博主@投行新手分析师

现从事医疗大健康领域的投资，毕业于上海交通大学，曾任斯伦贝谢美国休斯敦公司的机械制造工程师。擅长医药类投资咨询、金属的机械加工制造工艺、智能制造、项目管理等，作品曾入围"工业4.0-数字工厂"主题展览。

如何用摸索力摆脱焦虑和拖延

两年前刚大学毕业的我还习惯运用学生思维。那时候打算一边找工作，一边做出国读研的准备。申请学校需要不错的语言成绩，我自此走上了和雅思考试死磕的道路。

"我英语基础不错，从小学习英文的兴趣也非常浓厚，一个小小的语言能力检测而已，我才不怕。"果然这种侥幸心理，让我三天打鱼两天晒网，明明有足够的时间备考，最后硬是变成了临时"磨刀"。结果当然是，成绩没达到申请学校的录取分数线。

一、焦虑为什么会让人拖延

记得当时拿到成绩的瞬间，我整个人都挫败到了极点。父母话里话外的否定和焦虑，更是在我心里埋下了"自我攻击"的地雷。每天光是自己的内耗，就让我连翻开书本的力气都没有。如果有一面能看到内心状况的镜子，那你一定能看到我心里面急火燎原，没有一刻是安宁的，但是那火无边无际，里面没有任何空间可供长出绿色的植物，释放出积极的能量。

焦虑让我什么事情都做不了，焦虑之下是难言的恐惧："万一我又失败了，是不是我什么事都做不好？父母朋友会不会觉得我不够可靠，非常无能呢？"所以潜意识里，只要我不做，没有实际的数据和指标，我就可以不用知道"我是不是真的无能"。这样，拖延自然而然就出现了。

你看，只要不去开始，就不用面对更难接受的所谓"事实"。所以第二次考试的结果依然是，又没考好。

二、我竟然从游戏里发现了摸索力

那时已是我毕业几个月后，申请的几个学校在结果出来之前，都能后补语言成绩。但当时已经是申请季的后期，如果不能尽快提交成绩，不仅出国读书会变成泡影，最可怕的是，我对自己的信任度将会跌至谷底。一个连自己都无法相信的人，生活真的会陷入水深火热之中。

所以我迫切需要找到方法，让自己脱离这种可怕的困境。但是，去哪里找呢？找朋友，他们最多会说"你要自律一点"这类话，但是这些真的无法帮到我。找父母，他们总会说："你就是想太多了，什么都不要想，好好学习有那么难吗？"大家很耳熟吧，这些当然也帮不到我。

在这种情况下，我的焦虑和拖延越发严重，已经开始影响到我的生理感受，我开始头疼胃痛。当时还不知道是心理原因，只是吃止痛片解决。当时正好是过年期间，家人都住在一起。他们担忧我的健康，每天更加关心我。可怕的是，造成我拖延的原因，不仅仅有焦虑，还有愧疚。亏欠感对我的自我成长的影响更大，也更可怕。

每一天都是煎熬，我开始逃避和家人大眼对小眼的时刻。我下载了网游，想要暂时忘掉现实的不如意，即便知道长时间玩游戏确实不好。所幸最终这事还算利大于弊，因为我在网游里面认识了一个不错的朋友，正是因为她，我找到了在困境中解锁的钥匙。

作为一个从小到大乖巧听话的孩子，因为父母觉得玩游戏不好，所以我就一直没有怎么玩过。所以刚开始入门，上手自然比别人慢很多。几个回合下来，虽然赢了几次，但其实根本不知道是怎么赢的。我误打误撞进入了一个"门派"，才认识了那个启发我的女孩。

她游戏操作很棒，知道我是新手，发给我一些文字版的思路，让我自己研究。其中一条写着："如果你不觉得游戏也需要花时间练习，那你其实对其他任何事都没有兴趣吧？"我当时打了个寒战。

是啊，焦虑每时每刻折磨着我，我根本想不到兴趣这一点。要知道，以前我对于英文学习，都是兴致盎然，自信满满的。那为什么到后来，最让我感兴趣的东西，反倒让我整日坐立不安？从兴趣到厌恶，这中间真的就只有焦虑和拖延吗？

到底是什么，被层层负面情绪遮住了，我没有看到呢？我开始专注起来，一步步分析焦虑情绪背后被掩盖的细节。这个转变的过程非常有趣，从对什么事都感到无力开始，到逐渐专注于分析思考，我整个人已经开始感觉到精神上的舒适感。就是这么一点点舒适感，被我抓到了，它有别于火急火燎的焦虑和煎熬，开始闪烁出温和的光芒。

就好像一个没有手电筒的人在黑暗里前行，终于看到了一个温和的光源一样，让人温暖又舒适。你只要感受过一次这种舒适，就会爱上由黑暗到温暖明亮的整个过程。温暖舒适，平和喜乐，不就是幸福的感觉吗？这种感觉，就是当下浮躁焦虑的世界里，精神上能获得的比较高质量的幸福了吧？！

那么问题来了，获得这种幸福感的过程是什么呢？当然是用享受的姿态思考，以"挖宝"的心态分析每件事，而这种能力，就是摸索力。

三、摸索力解决了我的焦虑和拖延

其实，刚才我已经提出了一个问题："为什么最让我感兴趣的英文学习，反倒让我整日坐立不安？从兴趣到厌恶，这中间除了焦虑和拖延，到底还有什么是我忽略了的。以致我始终深陷其中，不能自救？"

既然是来自思考过程中的摸索力带给了我舒适感，让我有片刻理智抽离出来。那我就尝试用这个摸索力，看能不能让我持续舒适，解决焦虑和拖延。

让思考和学习的过程，持续舒适，肯定是你肉眼可见的：每时每刻都有收获。那么回到上面那个问题，焦虑和拖延背后，让我深陷情绪当中，不能自救的，真的只有焦虑和拖延吗？一件事情，全然凭借自律和毅力，很难达到质的提升。自律和毅力最多能产生量变，能让量变产生质变的，一定是量变过程中的掌控感和成就感。

为什么我没有在学习的过程中，获得掌控感和成就感呢？因为，我看待这件事情的方式错了。我看到的都是成绩合格以后国外的美好生活，那么一旦遇到学习上的挫折，我就会因为这种美好生活可能无法实现而产生恐惧。而恐惧，是最能抑制行动力的情绪。

焦虑和拖延背后,是无边无际、蜂拥而来的恐惧。有失去美好生活的恐惧、有父母失望指责的恐惧、有同辈压力之下对于自己无能的恐惧,等等。你看,有这么多恐惧压迫着,就连最有勇气的哈利·波特可能都迈不出勇敢的一步吧。

好的,现在我通过层层摸索,找到问题的根源在于恐惧。这是一件非常有成就感的事情。那么再接再厉,解决这个根源,也就可以持续有成就感,持续快乐。

接下来我做了两件好玩的事情。我首先把考试目标从体验国外美好生活,转变成了体验高分通过雅思考试,和出题人斗智斗勇。然后,我找到我能想到的最优秀的同辈朋友,问他的缺点是什么,他当时的回答是他不擅长写作。

这两件事让我的心态发生了翻天覆地的转变。我把注意力从虚无缥缈的结果转向了实实在在可以量化的、每时每刻的收获。我背的每一个单词,做的每一道阅读题,都是我和出题人之间的一场PK。每一次收获,我都会在小本子上记录下来:"今天,我做成了××事,我超厉害。"另外,和优秀同辈朋友的对话也让我发现,每个人都有所谓"无能"的领域。所以,就算是英语无能,我还可以尝试其他的事啊!

至于我为什么没有解决父母带给我的恐惧,其实是因为,这种恐惧不只是我自己的,也是他人人生课题的一部分。如果我的父母,因为我考试失败对我失望、指责,我接受他们会有负面情绪,但我不会因此觉得自己不应该得到他们的爱。而他们产生的负面情绪,是他们自己要解决的人生课题,我也不会因此指责自己不孝顺。

你看,恐惧,是因为我们看待事情的方式不对。换一个角度,恐惧即使存在,也不会影响我们迈出前行的脚步。我们为自己的恐惧负责,同时,努力不让别人的情绪成为我们的恐惧。而这,都是我通过摸索力分析出来的。

简单来讲,摸索力到底是什么能力呢?就是让你用积极的兴致和心态,去观察和实践你想分析的领域，适当地用打游戏或者设计游戏的心态，给自己多增加一些实质性的奖励，不断给自己"甜头"，对自己好一点。

任何事都可以摸索，我用摸索力通过了考试，也在工作当中用摸索力不断更新自己的认知。希望大家都能学会运用摸索力，多多锻炼，总能收获幸福，摆脱令人痛苦的焦虑和拖延。

> 白一心　微博博主@杭州白一心
>
> 　　中科院心理所认证心理咨询师，CBT认知行为治疗研究者，个人终身成长教练。擅长挖掘思维盲区，曾帮助300多名学生通过认知行为引导，一个月内积累英文单词量一万+，并形成主动学习型思维模式。

如何避免成为一个"分心成瘾者"

曾经,我特别喜欢一心二用,我总觉得,这是能力强的表现。手里刷着碗,心里想着明天的规划;在电脑上刷着剧,还要抽空看两眼手机;写着稿子,还不忘看看我网购的衣服到哪了;手里给老板打着工,还不忘计划下一份工作的方向……

只做一件事,这根本无法让我感到满足。于是我以"走神"为乐,我不愿错过任何一个热点,也不想错过同事们的聊天,我的注意力被外界扯得七零八落。

终于有一天,我扛不住了。

分神带来的焦虑、大脑疲劳、无法集中注意力,以及强烈的挫败感,给我带来了真切的生理痛苦。就像一盏永远都无法聚焦的灯,漫无目的地在事物表面游移,永远无法深入,永远无法在那些肤浅的关注中得到快乐。

一、分心不是你的错

其实,从本质上讲,分心是一项基本的生存技能。注意力就像人体的一套监视系统,时时刻刻为你报告周围环境的细微变化。

哪怕你在全神贯注地学习,注意力仍然会分出一点精力,接收窗外的警笛;虽然手头的论文明天就要交了,但你的手依然不自觉地伸向旁边的零食,不受控制地将其一个个塞进嘴里;即使你在专心致志地跟对方聊天,一旁的红衣女子依然可以让你不自觉地忘了下一句该说什么……

负责注意力管理的神经元机制,是一种非常原始且底层的生理活动。就像膝跳反应一样,这是一种完全自动的,用来弥补感觉系统局限性的机制。这套系统就像探照灯一样,随时观察着环境中的危险,也时刻关注着潜在的猎物。它是感觉系统的前哨,初步、简单地分拣着复杂的外部信息,一旦出现重要信息,就立刻转交给感觉系统。

但是这套系统的缺点也是显而易见的。不受控制地分心只是一方面;另一方面的问题在于,分心之后,很难立刻把注意力拉回来,注意力无法进行无间隙切换。一旦注意力被一件事情占据,就必须先"清空",让注意力获得自由,然后才能够被新的事情所占据。

二、注意力是你的一切

说完了生理学上的注意力,再来说说自我管理概念中的"注意力"。

每个人的人生都是公平的,因为注意力如何分配,是自己可以选择的。也正因如此,人生的走向其实都是自己选择的。

不过,很多人从一开始就败下阵来。因为他们从来没有管控过自己的注意力,任由注意力四处浪费,坐看自己最宝贵的资源白白流失。这样的人,哪里有资格获得成功?

但是,要想养成集中注意力的习惯,却不是那么容易。

一方面,对于习惯了随意消耗注意力的人来说,最难的就是找到那个值得他倾注全部注意力的事情。这几乎等同于寻找人生意义。这涉及人生选择,需要进行深度思考。

即便选好了,想清楚了,可这条路依然是跌跌撞撞,充满挫败和怀疑的。这条路既孤独又无人相助。但在这条路上,遇到的也并不全是坏消息。因为,这条路一旦走通,当你找到了值得关注的事情后,在未来的人生里,你将变得无所畏惧。不再害怕时间的流逝,不会再被虚无打倒,而把人生的选择权牢牢握在自己手中。

另一方面,则需要学会放弃一部分安全感。

很多时候,我们总想获得全部的视角。就像拥有360度全视野的变色龙,永远在观察外部的变化,永远在防御眼下的风险,却也被困在了当下,只能对即时的刺激进行反馈,而无法对信息进行分析处理,难以进行高质量的信息处理和输出。

简而言之，总是处在低等生物的运行机制中，就很难向高等生物模式进化。

三、像训练小狗一样，调整你的注意力

找到了方向，剩下的就是执行问题了。

首先，我们需要理解训练注意力的基本机制。在《注意力：专注的科学与训练》一书中，将注意力比喻成一只小狗——小狗饿了，小狗渴了，小狗得睡觉了，小狗得出去跑跑了，我们需要以特定方式跟小狗说话，让它明白你的意思。

1. 一条小狗一根骨头

我们的注意力逃走了，就像狗跟着骨头跑了。

有时候，狗会原因不明地到处乱跑，同时追逐着好几只野兔，这就是注意涣散。

控制注意力，就像是学着用绳子管好你的小狗——给小狗设定一个明确目标；如果有多个目标，就从优先级最高的任务开始做起。就像擀饺子皮一样，你只需要关心这个皮擀得如何，能不能赶上其他人包饺子的速度，擀完一个是一个，其他事情先搁置不管。

2. 一个观察，一个执行

大脑里有两套行动模式，即自动化模式和控制模式。自动化模式就像喝水走路，不需要思考，自动化模式一开动，就可以直接动起来。控制模式则是需要思考的，比如，我要优雅地喝水，我要纠正自己的走路姿势。这就好像训练小狗，我们希望它保持可爱的天性，同时还要使它的行动可控，不能完全释放天性。控制模式就像观察者一样，时时注意自动化模式行动合理，正确时顺其自然，有问题时及时纠正。

只有在两个模式共同协作的时候，大脑运作方能达到最好的状态。因为情绪的发作，背后都有心理原因；走神往往是因为你的控制系统出了漏

洞；而几乎每一只暴躁发狂的小狗，都是因为训练体系出了问题。

协作原则的核心在于，要觉知。觉知到注意力的分散与集中，用觉知控制自己的行为，不再被无意识的生理性反应牵着鼻子走。用有意识控制无意识，用觉知观察无知的过程。觉知，决定了一个体系的发展与升级。

在启动了这套觉知系统后，还有一个非常基础的原则，需要我们有意识地区分低刺激性和高刺激性。

曾经有很多人批判游戏、短视频等内容让青少年上瘾，让人通宵熬夜、废寝忘食。这类内容之所以让人上瘾，就是因为它们的"高刺激性"。

游戏和短视频让人亢奋，靠的就是新鲜、刺激、抓人眼球。而很多对我们真正有益的事却是低刺激性的，如写作、阅读、日常工作等。因此，当你刷手机上瘾时，是很难埋头工作的。这就像平时吃惯了重油重辣的川菜，转头去吃水煮白菜，就会味同嚼蜡。

网络的刺激太强烈，也太易得了，所以分心、注意力不能集中，也可以说是时代和技术发展带来的后遗症。长此以往，你的大脑被高刺激性内容培养的阈值越来越高，就会无法容忍没有新奇性的东西。手机成瘾，由此而来。

对此，我们需要有一些具体的措施来进行自我调整：

1. 每天给自己留一点"断网"的时间

哪怕你需要频繁地查看信息，每天给自己留一点"断网"的时间这件事也是可以做到的。比如，把两次上网的时间间隔，从5分钟延长到15分钟，一天连续坚持4次，这就可以留出一小时的"断网"时间。

2. 不论如何"断网"，都须保证在这些时段彻底屏蔽网络

上网的诱惑是巨大的，但你一定要抵挡这种吸引力。一旦妥协，就容易就此止步。即便这个时间段失败了，那么下个时间段可以重新来过。不过，这也对你的"断网"计划提出了要求，这个计划需要更加合理有效，并且可以随时调整，以便适应生活中的突发状况。

3. 在工作之外，也可安排"断网"，进一步提升专注训练的效果

设定几个时间段，开启在线状态，其他时候适度"隐身"。同时，给你的业余生活多点选择。你不是淘宝客服，无须 24 小时在线。世界并没有那么需要你，反而是你的大脑，更需要你有意识地调整和训练。在这个过程中并非要彻底拒绝高刺激性的内容，而是要有意识地避免被它们"劫持"。

你需要避免不断地分心走神，同时练习不断地集中注意力。

掌握你的注意力，这是夺回人生控制权的重要一步。

谢璇　微博博主@大漂亮啊喂

曾任上市公司市场营销负责人，现任创投行业记者，十余年媒体及市场营销工作经验。擅长心理学、精力管理等方向。

第三章

言谈得体,艺术社交

纵横职场、面对亲密关系、与朋友共处、与自己相处,你真的会交流吗?懂礼仪才会受欢迎,善交际才能得成功。本章将介绍,如何顺其自然地与人沟通、与己交流,如何拥有自信而恰当的谈吐,以及如何正确处理工作中、生活中的各种人际关系。

普通人如何获得支持

接受自己是普通人,又不甘心自己只是普通人,这是很多人内心真实的写照。普通人起点不高,想要向上跃升并不容易,能够借力的点不多,但是所谓起点高低,都是相对的。每个人都会有一些优势和劣势,很多人只看到自己不如别人的地方,其实挖掘自己的优势,利用好外部的支持和帮助,快速取得成绩,也可以成就不普通的自己。

一、弱小无力时,做好自己分内事

小孩子大都要依赖父母,受父母管束,孩子和父母地位并不对等,父母认为这是理所当然。幼小无力时,更多要做的是听从,做好分内事,才会在有限的范围内取得支持。

多年前,夏天的傍晚,清风凉爽。小院西侧有个小屋,我坐在屋顶平台的小板凳上,津津有味地看书。妈妈喊我吃晚饭,即使晚饭是好吃的打卤面,我都不愿意结束所看的书。

我仍然记得当时看的是《萍踪侠影录》《书剑恩仇录》等,这是从邻居六爷家借的武侠书。快速阅读的能力,就是那时候开始练就的。我也听评书《杨家将》,那个时候评书大热。

本来会受约束的年纪,我却没有受到太多约束。因为我是个乖小孩,听父母的话,不惹事,也不捣乱,该给家里干活就干活,该自己学习就学习。

小时候不懂太多道理,我只是简单地觉得,只要把学习这件事做好,就可以做很多其他自己想做的事。所以,在大多数情况下,因为放心,父母都支持我的想法。

弱小无力时,在能力范围内做出成绩,就有了被支持的基础。

二、长大强壮时，快速取得成绩

长大后，读书学习使我形成自我意识，让我认识到父母并不是万能的，也会有不足。一旦我们开始思考，就像风筝挣脱了线，父母会感觉失去对孩子的掌握，开始慌张。

父母一辈对于理解不了的事物，第一反应往往是保守和阻拦，观念的冲突不可避免。

什么时候才能打破这种冲突？当我们取得成绩的速度远超过父母，这样他们才会改变固有的想法，转而支持子女，以他们为荣。

姐姐说当初她买房时，手头拮据，父亲站在楼下不愿上楼，仰头看着位于十楼的新房，发愁这么多贷款怎么还。其实子女正当年，有工作，有进取心，还房贷不是问题。

几年前，亲戚中多位长辈帮孩子们买了必需的房子，孩子们现如今都靠工作还房贷，工作生活两不误。事后再看，这说明老一辈看到了孩子们的成长和成绩，他们就会支持，尽力帮助。

当认知够多、能力够强时，快速取得成绩，可以获得更多信任和支持。为了快速取得成绩，我们需要找出自己真正擅长或喜欢的事。渴望越强烈，行动力越强，便越接近目标。

普通人集中所有精力做一件事，秉持专注、专业、专一的态度，自然会获得认可和支持。

三、更大的范围，通过创造价值获得支持

当我们进入大千世界，接触各种各样的人，脱离了血缘亲情的纽带，怎样获得支持呢？要创造价值、有自信，并且心怀感恩。

首先，积极乐观、勤奋努力地创造价值，分享对别人有帮助的信息，当别人看到了你的价值，或者你开始对别人体现价值，就会获得支持。这个价值概念，可以现有，也可以预期；可以是有形的，也可以是无形的。

通过合作，双方都能获得利益，彼此信任，就会越来越好。手中有资源，个人有能力，能带领大家过得更好，自然会获得更多人的支持。即使没有物质资源，我们还有精神资源，也很珍贵，可抚慰人心，相互分享。

其次，拥有坚定的自信，相信自己的能力，以积极向上的心态对待自己，对待其他人。努力向前冲，就会散发出奋斗的光芒，有潜力的人值得被尊重，更容易获得支持和帮助。

最后，用行动去表达感恩，让别人知道你是一个懂得感恩的人，别人就会更乐于支持和信任你。

我身边有几个朋友，一年也见不了几次面，各自都在忙自己的事。不过只要我有事情问他们，他们都会给出想法。当他们有项目开展时，也会问我要不要一起参与。因为多年的相处和合作已让我们看到了彼此身上的价值。不需要说太多，大家就很容易获得彼此之间的支持。

当支持你和帮助你的人越来越多，你支持和帮助的人也更多了，就织成一张网，一张互相支持的大网。

四、不被支持怎么办

普通人爬坡是一个缓慢的过程，不要试图一步解决所有问题。前行路上并非总是顺意，总会遇到阻碍和波折。

当不被支持时，就要有独立的能力，拥有自己的力量，听从自己的内心，有能力去做自己想做的事，至少还有自己支持自己。

大学毕业时，父母想让我回到老家工作，在家附近有个照应，诸事便利。而我想走得远一些，到更大的城市去。看到我态度坚决，工作找得也不错，父母也就放弃阻拦了。

在另一个城市独自生活，什么事情都要自己去解决。收入微薄，需要算计着去花。记得那时手机还很贵，买了手机的那个月就没去小馆子吃饭，有种节衣缩食的感觉。能够安排自己的生活，能够掌控自己的生活，穷乐呵也很乐意。慢慢地，买房定居，成家立业，生活越来越好。现在回头看，自己的选择没有错。

对待不同意见，态度要宽容，但是立场要坚定。而且要懂得因果，自己做出选择，自己承担结果。

普通人资源有限，从微小起步，取得微小成绩，以此为基础，获得信任和支持。进而拥有更多资源，创造更多价值，逐步获得更大范围支持。资源就像滚雪球一样，越滚越多。

真正核心是要做到一件事，赚钱效应。虽然只是赚到少量的钱，但是这是一切支持的开始。

勤一步　　情感博主@勤一步

从事工程设计工作10年，善于用理性思维解析情感问题，持续输出2900多篇精练博文，有关情感、财富、美食，化繁为简，看得明白，活得美好。期待你来，思考交流，我们是朋友。

如何在亲密关系中获得安全感

在我刚结婚的前两年，曾经有一段时间非常依赖我的先生，经常患得患失，动不动就发脾气，搞得夫妻关系非常紧张。我自己也很痛苦，却又不知道为什么会这样。后来才明白，那段时间的我是极为缺乏安全感的，我总是试图从亲密关系中寻找安全感，可惜，我用错了方法。

我婚前是一个职业经理人，有着很好的收入和工作环境。那时的我，每天都是西服套装搭配高跟鞋，大波浪披肩长发造型，脸上永远洋溢着自信开心的笑容，面对任何问题都会说"没问题！办法总比问题多！"我的先生有自己的企业，我们是在工作中相识的。我被他的格局、坚韧、自律和超强的事业心吸引，而他被我的自信、笑容和敬业精神打动，那时的他经常在朋友面前说"这个女人最不缺的就是自信，我从不知道一个人睡觉时都是笑着的！"于是，我们就这样在一起了。

婚后，先生刚好要起盘新项目，便让我辞职协助。不用说，我义不容辞，于是我们成了事业上的合作伙伴。没想到，因为忙项目一个又一个的不眠夜随之而来，我们在工作中因为意见不同经常产生分歧。我和先生之间只剩下工作往来，少了夫妻之间的情感交流，有时我只是想要一个爱的抱抱或关注，可是他给我的却是一个董事长对下属的谆谆教诲和批评指正。

眼看着矛盾越来越多，先生说："老婆，这样下去太影响咱们的感情了，要么你就不要上班了，在家放松享福，在幕后支持我把事业做好，不是更好吗？"面对这种大男人气概的"我养你呀"，有谁会拒绝呢？于是我成了一名全职太太。

我想象中的全职太太，应该是每天光鲜亮丽地逛街、做美容、喝下午茶、看歌剧，自己做了全职太太才知道，理想很丰满，现实很骨感。原来我和先生都上班，所以家里每周会定期请人来打扫卫生，家里几乎没有开伙做饭。我想着既然自己不用工作，就好好地学学做家务，做个贤妻良母。

于是，打扫卫生、买菜、做饭、逛超市便成了我的日常。我也算勤劳聪慧，不到一个月的时间，各种家务技能悉数熟练掌握。当然，我洗手做羹汤的同时，也洗去了往日铅华。头发随意地扎个马尾，穿宽松的休闲衣裤，不施粉黛的素颜，再加上慵懒的体态，竟然在不经意间变成了邻家大嫂的形象。遇到亲戚家人家里有急事，我也是随叫随到。婆婆住院，别人因为上班，没有时间照料，我便成了常驻"护理员"。就这样，一年的时间在琐碎繁杂的日常中转瞬即逝。

不知道从什么时候开始，我有了打电话"查岗"的习惯。每天只要闲下来，我就会给先生打电话，有时甚至一天打十几个电话。如果先生没有接电话，我就会胡思乱想："他是不是讨厌我了？他是不是不爱我了？他是不是和其他女人在吃饭？"

一开始，先生还会好言好语地接电话，后来，因为"查岗"的事情我们的关系也越来越紧张，他不接电话的频率越来越高。我生气地问他为什么不接电话，他说："你以为我和你一样闲吗？"听他这样说，我就更生气，什么叫作我闲？每天家里的事情都是我处理的，我怎么就闲了呢？

先生的应酬比较多，一旦超过夜里 12 点还没有回来，我便坐立不安，脑子里编着各种情节的剧本。耳朵像小狗一样竖立着，听着走廊电梯的声音，一旦听到脚步声，我就会飞快地跑回床上，装作熟睡的样子。等着先生洗漱完上床睡觉，呼噜声响起时，我便蹑手蹑脚地走到客厅，拿起他正在充电的手机，尝试解锁密码（其实日子过久了，一般都能够猜到对方设置的密码）。

解锁后我会一个一个地检查先生一天的来电去电、信息留言，但凡有点异常的蛛丝马迹，我心里便堵得一塌糊涂。对于可疑的号码，我会认真地记下来，第二天便求朋友帮忙逐一排查。有时先生回来时，我也会控制不住和他吵架，不让他睡觉，一定要让他说清楚去了哪里，和什么人在一起。哭闹之间，天就亮了，他生气地出门上班，留下我一个人仍旧委屈地哭泣。

我也不知道自己为什么会变成这样，我不敢和别人讲，因为大家都觉得我们是天造地设的一对，是别人眼中的模范夫妻。我怕朋友笑话，也怕父母知道会担心。

我希望先生能多陪我，多关注我的感受。那一年我过生日，我推掉了闺密们为我庆生的party，满怀期待先生能够陪我过一个独属于我们两个人的生日。可是他因为公司刚好有个聚餐，就把我的生日安排在公司聚餐会上了。聚餐会上，大家不断地敬酒，我却感觉自己是多余的那一个。他被大家簇拥着，人人都开怀畅饮，喜笑颜开，而我像一个戴着微笑面具的木偶人，不知道为什么在那里。

聚餐结束回家后，他醉醺醺地问我："老婆，今天开心吧？"

我阴阳怪气地回答："是你比较开心吧？那么多人奉承着，你哪里还有心思管我开不开心啊！"

"你怎么这么说，大家不是都敬你酒，祝你生日快乐了吗？怎么不知好歹呢？"

"我怎么就不知好歹了？我就是个多余的人，我今天就不应该去！"

说完也不知为什么，我眼泪哗哗就流了下来。先生也不耐烦起来，"你到底想要什么呢？不陪你过生日不行，陪你过生日也不行，你这不是作吗？"

"我作？我每天像保姆一样伺候你，却得不到你一句谢谢，司机过生日你还知道给买个礼物呢！我连司机都不如！"

"我以为给你办生日会了就没有买礼物，平时不是也给你零花钱吗？你自己喜欢什么就去买呗！"

就这样，我的生日在哭闹吵架中结束了。

在这样的反复争吵中，我们夫妻关系越来越紧张，我也越来越痛苦。我不想成为一个这样的怨妇，可是却无法控制自己。就在这时，我的老同学为我推荐了一位心理咨询师张老师，正是张老师的疏导，让我看到了自己的问题,重新找到了自我,修复了我们夫妻的情感。也正是这段经历,带我走进了心理学的领域,我开始系统地学习心理学,并且从自我疗愈逐步发展成为一个助人自助的心理咨询师。

下面结合我的自身经历和心理学专业知识,和大家共同分享一下,如何在亲密关系中获得安全感。

一、要懂得安全感来自自己

很多人都会试图从他人身上寻求安全感。比如小时候,我们从父母身上寻求安全感;长大后,我们从伴侣身上寻求安全感。很多成年人感觉如果另一半离开了自己,自己就会过不下去,就像小孩子觉得,如果离开了父母的供养,就会死掉一样。

在亲密关系中,这一点体现得尤为明显。比如曾经的我,以为我要的安全感应该是我家先生给的,我打电话你能够马上接电话,你就给了我安全感;如果你没有及时接听,就给了我一种不安全的感觉。我的感觉都是你造成的,所以你必须对我负责,这不是我的问题,是你的问题。但是我们往往忽略了一个真相,那就是安全感来自我们自己,而不是他人。

安全感可以分为:经济上的安全感、身体上的安全感、情感上的安全感。经济上的安全感来自自己的工作、事业;身体上的安全感来自有规律的饮食、运动,以及安全防范工作;情感上的安全感,来自被爱、被关注和归属感的满足。以上这些安全感的需求,我们完全可以自我满足,只是很多时候,我们并未意识到而已。

二、要有独立的意识和独立的经济收入

独立,是获得安全感很重要的前提之一。我经常告诉我的咨询者:"你要把自己站成一棵树,而不是一根藤"。意识独立和经济独立是一个人获得安全感的基石。人的需求无非是两个方面:一个是物质需求,另一个是精神需求。经济独立满足的是我们的物质需求,而意识独立满足的是我们的精

神需求。

我们对他人产生期待与要求，是源于自己的不自信或力所不及。当我们自己做不到或完不成时，我们才会对他人产生期待与要求。一旦对方不能达到你的期待和要求时，你就会失望甚至愤怒。如果能够做到减少对他人的期待和要求，那么我们自身的能力和格局就会得到很大的提高，随之而来的便是自信和从容。有了自信和从容，安全感自然就产生了。

三、不要把鸡蛋放在一个篮子里

有一些人会把所有爱的需求全部寄托在亲密关系中的伴侣身上。当你把所有的关注点都聚焦于伴侣时，不但自己感觉很累，也会给伴侣带来巨大的压力。

因为一旦伴侣出现了背叛或离开，就意味着你的生活将失去全部支撑。所以，不要把鸡蛋放在一个篮子里，要把情感支撑合理分配给家人、朋友、事业和伴侣。就如同桌子有四根支撑腿一样，即便其中任何一根腿出了问题，还有其他三根腿作为支撑，你仍旧是安全的。

四、学会爱的表达

我们在亲密关系中，要学会正确的爱的表达。我们的伴侣如果能够准确接收到我们的爱、我们的需求，就会给予我们正向的回应和反馈，也会大大提高我们的安全感。例如，上文我在生日会结束后与先生的对话中，当先生问我今天是否开心时，如果我可以正确地表达，而不是酸溜溜地含沙射影，结果将会是另一个版本。

如果我回答说："老公，我很高兴今天能和这么多人一起过生日，如果能够和你单独过生日，我会更高兴的！明年的生日我们过个二人世界好吗？而且，我还想要你送我一件生日礼物。"相信结果一定是不一样的。

所以，我们不必与伴侣玩猜猜猜的游戏，当双方都能够清晰地知道对方的需求时，就减少了猜忌和误会，安全感自然会得到提升。

我们同样要学会爱自己，给自己足够的爱和呵护，这也是亲密关系中获得安全感的要素。我们不要过度取悦或依附伴侣，要把自己的感受、自己的需求排在第一位。例如，累的时候，给自己放个假，去喝一杯咖啡，约三两好友谈谈心、看场电影，或者奖励自己一次说走就走的旅行。觉得自己无助时，花钱给自己请个心理咨询师或参加一个能够让自己提高成长的培训班，再或者培养一个自己的爱好，结交一群志同道合的朋友等。

　　归根结底，亲密关系中的安全感，不是来自对方，而是来自我们自己。爱自己，满足自己的需求，而不是一味地从伴侣身上寻求爱和满足。把自己站成一棵树，与伴侣一起成长，携手共进，你便不会害怕失去。相互滋养，而不是一味索取，才能在亲密关系中从容淡定地享受爱情的美好。

> **孙丽**　　微博情感博主@心理医生---孙丽
>
> 　　国家二级心理咨询师，两性情感专家，婚姻家庭子女教育专家。中国健康产业工作委员会心理咨询专业委员会理事，黑龙江省健康学会专家委员会理事，深圳慧生活文化传播有限公司总经理，哈尔滨市香坊区慧生活心理咨询工作室首席咨询师。

悄悄谋划的婚姻，显而易见的安心

林楚楚的婚姻，结束在一个冬季。

上海的冬季湿冷，让林楚楚的心里更多了几分悲伤。拿到离婚证的时候，竟有一种恍如隔世的感觉。本是一个只求岁月静好的女人，却活生生把自己逼成了"精神分裂"，把日子过得一塌糊涂。

林楚楚的老公叫童大伟。当初，老公起诉离婚。林楚楚进入法庭就开始撕心裂肺的哭，她拿着手机说，法官，你看我们感情很好的，我们一起去过很多地方旅行，这是当时我发的朋友圈，你看，你看！

在海南："终于来到了天涯海角，此生追随你到天荒地老"

在拉萨："布达拉宫朝拜，愿我们的爱情永恒不变"

在巴厘岛："嫁给爱情的样子，就是我这样"

……

照片中，阳光、沙滩、大海、蓝天，亲密相拥、甜蜜的笑脸——这就是爱情啊！

面对她的激动，她的举证，童大伟始终皱着眉头，只是淡淡地回应：我们曾经很相爱，但是性格实在不合，无法继续生活。

一、短暂的爱情：老公出轨，我却净身出户

当年，二人是在旅游的时候结识，一见钟情，旅行还没有结束，二人就已如胶似漆，甜蜜得羡煞旅行团的其他团友。团友都调侃说，他们俩像是直接度蜜月了。旅行结束，两人迅速领证结婚，坚决要将旅行的美好延续到现实婚姻中，陆续相伴去了很多地方。

童大伟像照顾孩子一样照顾林楚楚，衣食住行，她什么都不用管，几乎也不用花钱。她也安心地将自己所有的财产交给信赖的老公，从此做起了全职太太，什么都不操心，什么也都不用去做。那时候，林楚楚很幸福，

也很安心。

只是这种幸福太短暂，也太脆弱。女儿刚出生一个月，童大伟就出轨了。这种事，对于林楚楚这样一个不食人间烟火的女人来说，自然不愿意接受。她拼命哭闹，在家里"批斗"，到公司"求助"。无奈之下，童大伟回归家庭，但林楚楚再也没有找回安全感。

林楚楚对童大伟，从无条件信任变成了事事求证才算安心。她要求童大伟事事都要汇报，手机必须审核，若晚上十点不回家，连环夺命call就开始。除此之外，她不定时地去公司查岗，这种行为让童大伟既难堪又气愤，刻意躲着林楚楚，能不回家就不回家。

用童大伟的话说，婚姻简直就是牢笼。可对林楚楚来说，必须牢牢抓住才是安全。

只是这种盲目抓住的婚姻不仅不安全，反而四面楚歌。最终，童大伟在毫无征兆的情况下起诉离婚，不仅离婚，还要争取女儿的抚养权。林楚楚作为一个全职太太，自然无法和他抗争。事实也的确如此，房产和她没有一点关系，共同资产甚至老公收入多少她更是一概不知。没有房子、没有存款，她没有争夺孩子抚养权的哪怕一点点强硬的资本。

两轮离婚诉讼后，她精疲力竭，彻底接受了现实，也接受了童大伟施舍一般的方案：二十万元的离婚补偿，同意她每周探视女儿，协议离婚。事后，她笑得冷静，自嘲遇人不淑。

可是，她并不知道，天真的无知，才是她困顿的元凶。

如果当初对婚姻做了哪怕一点点的规划，对于感情对于财产哪怕留下一点点的证据，也能为自己储备对抗风险的力量，包括保护孩子、爱护自己的能力。也许结局会很不一样。

可是，没有如果。现实，有时比影视剧还残酷。从不为自己的婚姻做规划，也从不想看清婚姻的真相，以为赌一颗心，便可万事顺遂。坚持这种天真的认知，最后也只能自己承担天真的后果——对方出轨，她却净身出户！

二、谋划的婚姻：往后余生，厮守终生

林楚楚不知道，在同一个世界的平行宇宙里，另一个自己却过着截然不同的生活，也有着截然不同的婚姻结局。

故事发生在北京，很冷，但也很暖。

林楚楚和童大伟在旅行中相识，很快决定闪婚。不过两人登记结婚前，林楚楚和童大伟进行了一次深刻的谈话。

童大伟本身收入颇高，工作繁忙，希望林楚楚婚后能够放弃工作，专心做全职太太，照顾家庭。林楚楚也欣然接受，愿意以家庭为主，放弃工作，但明确表达了自己对于未来的不安，毕竟感情总是有风险的。她提到了电视剧《我的前半生》，也提到了罗子君的离婚。童大伟自然心领神会说，这些我都替你想到了，我先预支你未来二十年的工资，一共500万元，这个归你处理，我不干预，也算是对你为家庭做出牺牲的补偿。

林楚楚很感动，也很欣慰。同时她也理解童大伟的顾虑，他在各地拥有多套房产，还持有多家创业公司的股权，一旦婚变，情况复杂，分割利益是小，影响公司发展是大。于是林楚楚主动提出，签订婚前协议，对于双方财产归属进行明确约定。

感受到林楚楚的真诚和智慧，童大伟当天便起草了婚前协议，签字的时候，林楚楚看到：两人婚后将要居住的那套房子，之前也是童大伟的个人房产，婚后归林楚楚个人所有。

这份协议一签，即使离婚，林楚楚也一生生存无忧。做全职太太，婚前补偿＋内心安顿，自然顺利步入婚姻。

也许你认为，这个林楚楚如上海林楚楚一般，就此做个甩手掌柜，相夫教子。可平行世界里，北京的林楚楚并不这么认为，她知道自己的幸福生活来之不易，也知道未来感情出现变数也在所难免，所以她悄悄做起了婚姻规划，理性而智慧地守护着自己的幸福。

她不仅将家打理得井井有条，而且还学起了理财，几次试手后，收益

颇丰。谈起理财心得，老公童大伟也深表赞许，放心将自己的财产账户交予她打理。此为现金资产规划。

她经常和地产中介交流沟通，了解最新的房产信息，找到合适的投资房产，便建议老公入手。于是，老公名下的婚前房产，顺利变成了婚后房产。此为房产规划。

女儿出生后，她一边学习育儿知识，一边分享育儿心得，逐渐结交了很多妈妈，成立了妈妈社群，知识付费、种草带货，收入不比工作时差。此为工作能力规划。

老公是摄影爱好者，她也跟着学习，并善于钻研，三两年过去，摄影技术竟比老公还好。一家人经常自驾外出，一路拍摄，回家后一起看片选片、分享心得，回忆起当时的游玩情况，笑声不断。夫妻感情、家庭氛围，让身边人羡慕不已。此为夫妻感情规划。

老公外出晚归，她只确认平安，从不过问具体事项，也从不会夺命连环call，该关心时关心，不该过问的从不过问，边界感拿捏得十分准确。老公反倒会主动汇报行程、分享工作，两人的关系十分融洽，又十分紧密。此为夫妻信任规划。

当然，外面的世界很精彩，老公在职场上遇到怦然心动的女孩，也在所难免。林楚楚早就在几年的婚姻生活中，潜移默化地将自己对待婚姻对待感情的观念和童大伟分享过，甚至可以说是表明过：给予绝对的自由，但需要绝对的尊重！于是，怦然心动之时，童大伟会想到婚姻的承诺、家庭的责任，以及难得的舒适、自由和稳定！于是，最终选择了欣赏，不越雷池半步！此为风险底线规划。

该争取时争取，该捍卫时捍卫。悄悄谋划的婚姻，带来的是显而易见的安心。北京的林楚楚和童大伟，朝着厮守终生的婚姻奔去！

当两位林楚楚平行交汇，我们不由发问：是什么导致了不一样的婚姻结局？

恋爱婚姻，没有绝对的正确和错误，也没有绝对的失败和成功。但要想追求绝对的安全与优雅，就必须有追求安全的资本和能力。

都是始于爱情的婚姻，一个死死抓住，却没有一点防卫能力，最终四面楚歌，负重解体；一个悄悄谋划，运筹帷幄，甚至安全。一左一右，又怎是规划二字可以诠释的。安全和稳定从来不是从别人那里要来的，而是由内而外靠自己产生的。每一个女人要想幸福稳定，厮守终生，就必须学会为自己的婚姻做理性而智慧的规划，为将来可能出现的风险谋一份安全保障，独立地、勇敢地，为爱，为婚姻，为自己，为家人，创造幸福、争取幸福、保持幸福。

张佳佳　微博博主@律政女王张佳佳

婚姻家事专业律师、ACT 心理咨询师、CPBA 国际认证私人银行家。曾在北京法院工作 6 年，经手处理了近千件民事案件，包括大量的婚姻、继承等案件，积累了丰富的庭审技巧和诉讼经验，同时专注于婚姻财富管理的法律研究和服务服务，在婚姻资产保护、财富传承规划等方面有独到见解。左手心理，右手法律，致力于为 1000 万高知女性幸福护航！

学会拒绝，让你的人生更轻松

离开工作了 15 年的职场，转型成为自由摄影师以后，我总觉得自己不够厉害，学得还不够深入，遇到的牛人还不够多，以致常常被淹没在各种爆炸式的信息里面。

当朋友圈里有人推荐新书，我会立马入手一本；看到别人推荐一个课程，我一般二话不说，立马转账缴费；混迹于线上线下各种社群，希望结识更多的人脉，以为钱花了，牛人的经验和知识就会进入我的大脑，于是陷入一个怪圈。

手机里堆积了越来越多的课程，每周跑出去见人、上课。学着学着，口袋里的钱越来越少，进账收入与我投资的学习费用却不成正比。

我开始寻找自己的问题症结，梳理自己想要过什么样的人生，真正热爱的事情到底是什么。

一、拒绝知识焦虑和诱惑，让自己在专业上更精进

通过一系列的优势测评工具，如盖洛普优势测评、热情测试，在老师的帮助下，我了解到自己最爱的还是摄影。于是，我将摄影以外的学习，暂时全部割舍掉，一门心思地把时间和精力花在学习摄影和实践拍摄上，以下两件事也让我正式开始合理安排时间开始学习。

第一，我开始构建自己的知识系统。

第二，2018 年，在某成人培训学校，我知道了 5 种时间：生存时间，顾名思义就是为了生存所用去的时间；赚钱时间，就是创造价值的时间；好看时间、好玩时间，是让自己多多体验生活，培养自己的兴趣爱好的时间；心流时间，是当我们全身心投入去做一件事情，获得的愉悦感的时间。

我了解到这几种时间的重合度越高，效率越高，幸福感也越强。于是，更坚定了我专注于摄影的信心。

当我拿起相机拍摄时，会兴奋不已，不管遇到什么难题，一门心思就想要研究明白，经常整理研究到三更半夜，完全忘记了时间。

我学会系统性输出，如演讲、分享课程、出书、在社交媒体上发表文章。

我梳理出自己在成长路上遇到的问题，针对性地进行学习。比如，当自己的技能基本功扎实后，发现在输出过程中，不知道如何开一门真正能帮助别人的课程；在对外扩展自己影响力的时候，不知怎么写文案，于是我开始寻找同时具备以上两种技能的老师，既可以节省时间，又兼顾全局思维，让老师更快地协助我提高。

学习，输出，再学习，再输出……在这样的良性循环中，我不断在摄影道路上越走越远。

二、学会拒绝，勇敢体现自己的价值

恭顺谦和、礼貌谦卑一直是中华民族的传统美德。小时候我就一直受父母和长辈们潜移默化的影响，觉得吃亏是福，不要争，不要抢，是你的总归是你的，不是你的，抢也抢不来。

所以当机会来临时，我有时就不会分辨，不知道如何去争取，只能谦虚地拒绝。在人际交往过程中，有时想拒绝，却又不好意思得罪人；想求助于他人时，又放不下自己的面子，觉得伤自尊。

慢慢地，人际关系的麻烦就来了。比如，在活动中新认识的人，一上来就把别人当成朋友，当为别人拍摄时，自然不好意思开口谈钱，也不知如何开口谈钱。长此以往，给自己造成了一定的社交负担。

我开始学会拒绝无效社交，谨慎投资自己的时间和精力，遇到有拍摄需求的朋友，可以直接亮出自己的拍摄价格表，请对方根据需求挑选合适的拍摄套餐。慢慢地，越来越多的朋友变成了客户，我的收入越来越好，与朋友们的关系也越来越近。遇到不想谈钱的客户时，我也会直接开口拒绝，省去了后续耗费的时间和精力。

三、专业上适当拒绝客户的要求，保留自己的风格

我刚开始做摄影师的时候，在微博上认识的客户F即将来上海旅行，请我为她拍一组照片。开始预想拍摄是在一个晴空万里、慵懒的午后，我们漫步在武康路和湖南路的街头，拍下法式情调的照片。于是，她趁着假期，从海南飞往上海。

无奈天公不作美，赶上阵雨，一直没法出门。怎么办呢？

跟她商量以后，我们更改了拍摄的主题，选择在酒店附近的外滩，利用阴天柔和的光线，转换拍摄手法，比如将暗色调的前景与浅色调的远景形成明暗对比，突出前景，使用长焦镜头突出被拍摄主体。最后，拍出了超级有个性的时尚片。

除了在各平台上认识的客户，在我身边，也有很多朋友将自己的拍摄方案毫无保留地交给我来安排。

比如，客户想要拍照片，但是没有明确拍摄主题。我会根据客户的性格和爱好，为他们参谋规划，挑选场地、衣服、妆容，并为拍摄提供细致的方案。客户看到相机里的自己，往往惊喜不已：真的没想到，你怎么把我拍得那么美。还开心地帮我四处宣传。

所以在自己的专业领域里，一定要有自己的话语权，给客户提出更适合他们的方案，进而赢得客户的认可。

肖阳春　微博摄影博主@水枫春PHOTO

27岁，买下了人生第一套房；40岁走出舒适区，清零15年职场，放弃以前的行业积累，开启自己热爱并擅长的摄影事业；"创意生活摄影课堂"主理人，学员逾百位；半年时间拍摄、剪辑视频200多条，服务的客户均为各领域的大V、企业主等。

不抛弃不放弃,学会与原生家庭共同成长

2020年的最后一天,身在北京的我和身在老家的姐姐一番视频谈话后,勾起了我们一家人过去二十年的回忆,那些心酸的、悲伤的、喜悦的、激动人心的画面在脑海中浮现,让人感慨万千。岁月见证了我们的成长,也目睹了一个普通家庭的跃迁。

一、借势成长,要敢于"折腾"

在我的人生中,有两个关乎命运的重大考试,都以"失败"而告终。第一次是高考,我考了两次,都没能考出理想的成绩,最后考进了一所省内的师范类大学,读了新闻专业。第二次,是研究生考试。我当时的目标很明确,要考上上海的一所211大学。准备了大半年的考试,依然没有过线。连续三次的考试失利,让我对自己产生了怀疑,我难道真的不适合考试?

在"二战"考研和就业之间,我犹豫了许久,最后决定直接去工作。

我大学学的是新闻专业,如果按照这个专业的发展方向,毕业之后去报社、电视台当记者,或者通过公务员考试进入体制内工作,可能都是不错的选择。

我姐和我的经历很相似,考试之路也是颇为不顺。毕业后很迷茫,在困顿、焦虑黑暗中不停摸索,最终我们都经过自己的努力,走上了适合自己的职业发展之路。

那时还是2015年,我选择了互联网行业,我姐选择了房地产行业。从当时来看,这两个都是非常有"钱"景的行业。而结果也证明了,我俩的选择有多么正确。

不要自我设限、信心很重要,要勇敢地迈出第一步,要借势成长。小米创始人雷军曾说过:站在风口上,猪都能飞起来。这句话虽然有点夸张,但很形象地说明,有时选择大于努力,选对了行业,往往就能享受到快速

发展带来的红利。

我姐通过自己的努力，工作 3 年就给自己在老家买了一套房。我在工作之余，做起了那时刚刚兴起的自媒体。当时，我的工作与体育相关，于是就开始在今日头条上写与体育相关的文章，一天写 3~5 篇。坚持了几个月后，一个月能有将近 1000 元的收入。2016 年上半年，我的副业收入月入过万元，远超主业收入。这对一个刚毕业不满一年的大学生来说，是以前想都不敢想的事情。

作为小镇青年，本身就无所依靠，所以要勇敢地迈出第一步，选对赛道，敢于"折腾"。

二、每一代人，都有自己的使命

我爸是他兄弟四个之中，最先从农村走出来，去城市打拼的一个。我是兄弟姐妹几个之中，第一个来到大城市工作的，我和我爸都是我们家族中的"拓荒者"。

我爸几乎把所有能做过的小生意都做过一遍，收废品、卖鱼、卖水果……父母把所有的精力都投入生意，无暇顾及我和姐姐，以至于我俩的童年一直处于"放养"状态。

在我上高中之前，我和我姐的寒暑假，大部分时间花在给家里的生意帮忙。都说穷人的孩子早当家，我俩确实如此。我姐在上小学三年级的时候，就学会了自己洗衣做饭，那时的她甚至还没有做饭的灶台高，做饭都要踩着凳子。

坦诚说，80 年代末和 90 年代初，出生在农村的孩子，是基本没有家庭教育可言的。首先，父母基本没接受过高等教育，我父母连小学都没毕业，我和我姐不能强求他们在学习上对我俩有什么帮助；其次，从农村刚进城市，最先要解决生存问题，父母实在没有精力辅导我们。

有一次，我妈妈回忆起，和我爸结婚之后刚来城市打拼的一个场景：做饭连锅都要借别人的，还要等别人做完饭之后，才能去做。如此心酸的画面,实在让人心疼。所以,我没有理由苛责他们,他们为了生活,已经尽了最大的努力。

等我真正走上工作岗位之后,才切身体会到父母当年的不易。

三、不要把所有问题,都推给自己的原生家庭

有段时间,网络上兴起了"声讨"原生家庭之风,有些大V甚至煽动一些子女和自己原生家庭的父母决裂,实在让人气愤。就好像,自己遇到的所有问题,都可以归咎于自己的原生家庭。

如果说,原生家庭对一个人的影响,主要停留在18岁之前,那当我们成年之后,就应该意识到,18岁之后的路,你要自己去走了,你要对自己的行为负责。

有些人一出生就锦衣玉食,而有些人一出生就饱受生活之苦。出生在什么样的家庭,我们无法控制,没有完美的原生家庭,也没有完美的父母。我们需要做的,就是接受现实,去改变自己的命运。

在2017年5月之前,我们全家依然在租房住,此时距我爸妈来到城市打拼,已经过去近30年了。在买房这件事上,我爸一直不够果断,我和我姐经常和他调侃:他的犹豫不决让我俩错失了成为"拆二代"的机会。

不过,功夫不负有心人,"折腾"了这么多年之后,我爸的生意终于有了起色。在我姐的"怂恿"下,父亲终于在城市买房安家,一家人的努力总算是有了回报。加上我姐自己的努力,一年之内,象征一个家庭奋斗成果的房和车,都落了地。这样的速度不仅让我们一家人感到惊喜,也让身边的亲戚朋友惊讶不已。

四、互相肯定互相鼓励,才能共同进步

小时候,我们家的家庭氛围很不好,我爸脾气不太好,一旦发起火来,家里人都很怕他,而且爸妈经常吵架,我和我姐不太能感受到来自家庭的

温暖。

后来，随着家里的经济条件越来越好，争吵也越来越少。而且，我爸年纪越来越大，脾气也不像年轻时那样暴躁了。

在我看来，我们都会和父母和解。但和解的前提，一定是自己工作之后，实现经济独立。我发现，当我可以养活自己，不再需要开口向他们要生活费，到了年底还可以给他们一部分钱，再给他们买些衣服之后，那些不堪回首的黑暗时刻，一去不复返了。

任何关系，如果经济上单方面需要依靠对方，是没办法做到心平气和平等相处的。当你变强了之后，父母才会尊重你，这时你与父母之间的地位才是平等的，他们也会从内心重新审视，可以独当一面的你。不然，你与父母的关系始终是"依附"关系。

当然，两代人之间肯定会有很多矛盾。我们会嫌弃父母的目光短浅，父母也会为我们的终身大事操心，干预我们的生活。

我们把最好的一面展现给了陌生人，却把最差的一面留给了身边最亲近的人，尤其是家人。对他们缺乏耐心，总是忍不住去苛责、埋怨、嫌弃。在与父母的相处中，我们双方好像都陷入了一种为对方好，却总想改变对方的误区，而且各自的表达方式还总被对方排斥。

这个时候，我们要努力寻找父母身上的优点，肯定、鼓励他们，用我们的"气场"去影响他们。父母年纪越大，内心却越像孩子一样需要哄着。或许，他们关心你的方式，不是那么合适，但他们的确是无条件希望自己的儿女过得好。我们要对他们多一分耐心，多一分理解。好好说话，比什么都重要。

时代在发展，年轻人可以跟得上科技的脚步，但父母年龄越来越大，接受新事物的能力本就不如我们。所以，多和他们谈心，有时间有条件的话，可以每年都带他们去不同的地方转一转，让他们也感受一下这个世界的变化。

幸福的家庭都是相似的，不幸的家庭各有各的不幸。我特别欣慰，我们一家人，每个人都在通过自己的努力，让自己变得更好，让对方变得更好，让整个家庭变得更好。不仅是经济上变得富足，而且认知上也有了很大的进步。

一个家庭的兴旺，单靠某个家庭成员去实现很困难，需要每个家庭成员互相鼓励，互帮互助，共同成长。因为一个家庭就是一个命运共同体，既不能抛弃，也不能放弃。

吴超越　微博博主@吴念青727

毕业于淮北师范大学文学院新闻专业，热爱读书、旅行、跑步的终身成长者，有5年互联网内容领域工作经验。擅长文案撰写、内容运营，自媒体创作者，全网各平台总阅读量过千万。

告别"讨好型人格",顺其自然朋友自会喜欢你

几个朋友说很羡慕我,在人际交往之中非常果决。他们谈道:"过得很疲惫,总是想尽可能地被所有人喜欢,害怕被任何一个人讨厌。"即使如此,有些关系还是理不顺,甚至出现了"越努力,关系越糟糕"的情况。这就是"讨好型人格"的体现。

"讨好型人格"对于周转于复杂人际关系的现代人而言,是很普遍的存在。其实,现在看起来洒脱的我,也曾是"讨好型人格"的受害者,所幸我走出来了。

小时候,我不害怕家人生气,但很害怕家人的误会或是失望。随着年龄的增长,我又开始关注老师、同学的态度,长此以往,我变得对他人的态度变化很敏感。一旦察觉到有人对我抱有负面的印象,我便会急急忙忙分析"是我的哪些表现留下了坏印象?我应该如何去扭转?"

在这方面我没少费心神。比如说,大学的学生会组织里有了职场的氛围,"小干部"们有模有样地对后辈施"官威"。初入其中的我想从中结交朋友。可我没有社团人际交往的经验,即便我不喜欢"官场"风气,可又害怕说话、做事不积极,得罪了"领导"。

我尽可能地满足"领导"的要求,积极表现,又害怕表现过度引起同辈的反感,于是小心翼翼地寻找平衡。而自己"升职"担任干部后,又尤为希望得到后辈的信任和喜爱,而在部门团建和对每个人的培养上下了很多不必要的功夫。

实际上的结果却不甚理想,我没能醒悟,我的独自努力,不能照顾到每位成员的性格以及交友习惯。而试图维系部门内的团结友爱,时间一长就显得空洞无力。

这件事对我的影响很大,可以说是我在人际关系上投入的真情实感崩塌得最厉害的一次。

事后想想，问题出在哪里？

这是因为我努力去维系这些人际关系的行为，其动机本就不纯。

想获得他人真心的喜爱，是一件相当自然的事。单方面的喜爱仅仅需要欣赏和认同便足够。而朋友则是因为欣赏和志同道合而接近，因共同话题的存在而使友谊逐渐加深。

我的错误之处在于，我希望通过我在人际关系上的"努力"去获得他人的喜爱，通过"努力"去规避他人的反感。

我意识到，实际上他人的好恶强求不来。即使短期可以通过圆滑的性格曲意逢迎，得到对方的认同，但你无法改变自己在他们眼中的所有面貌——因为人是立体的，你无法在每个时刻都演戏。你下意识透露出"和他们展示的不同的自我"时，便会让他们感到割裂，从而产生不信任感。

何况，这种生活方式也让自己十分疲惫。

具体来说，为避免产生这种违和感，避免去"讨好"别人，我做了以下几方面的改变。

一、选择自己欣赏和认同的人去交往

合不来的人靠勉强终究是合不来的。我以前就有这么一个朋友，是她主动来向我示好的，但我并不是很喜欢她。因为她对我感兴趣的话题反应都非常淡漠，而我难以拒绝她主动和我交际的好意，只得配合她聊她喜欢的东西，这使得我和她的相处很不愉快。事实上，如果我早些时候适当疏远，反而能维持一个远而舒适的关系。

前段时间有个读者向我抱怨她的几个朋友，说有的很小心眼，有的极为善妒，这些低质量朋友经常让她很生气，也引发过许多矛盾。我便问，为什么要和这样的人继续保持朋友关系呢？她沉默许久，然后回答说，其实是她想让自己显示出朋友很多的样子，于是花了很多时间去和他们聊天。我便问，显得自己有很多朋友，给你带来了什么实质性的好处？她说，其

实并没有，反而耽误了更多时间，因为如果有人是因为她朋友多而和她结交，那么此人也很难是她欣赏的人。

"朋友之王"的人气是虚浮的，真切的欣赏和喜爱才能为你带来更高质量的关系，以及更好的风评。胡乱建立起的一大堆友谊关系，看起来很热闹，其实在你对对方心生怨言的同时，对方也不见得对你有多高的赞誉。

二、对别人合理地提供帮助，不要刻意讨好

具体来说，第一，别人没提到需要帮助时，不必主动帮忙。别人并不见得会记得这个恩情，相反，多发生几次后还有可能被当成理所应当。第二，不想帮的忙，要学会拒绝，不要勉强着帮忙。

我曾经和一个很好的朋友闹掰了。最初，她在申请留学时遇到了困难，我便主动提出说：有问题可以问我。谁知，从此以后留学相关的事她都来问我，几乎把我当作留学中介，时间长了甚至连谢谢都不说，还会对我的帮助抱怨不止。我害怕让她生气，虽然心里不高兴，也勉强着继续帮她。

终于到了我忍受不了的一天，我委婉地表达了自己的不乐意——她立马就翻脸了，甚至反手就在我参评某个奖项的关键时候陷害了我。我帮她不但没收到正面效果，还树立了一个敌人，真是得不偿失。

三、不要让人际关系影响你在其他事情上的判断

在不同人面前去思考相处方法，或是花时间刷"好感度"，不仅占据了大量的时间、精力，还会影响我们的行为。

这种行动的改变不见得都体现在大事上，更多地存在于生活的点点滴滴。比方说，我想坐在教室第一排旁听某门课，可我却害怕：我只是一个旁听生，占据了前排会不会招人讨厌？这样的犹豫反而影响了听课质量。相比起来，这个损失可比让人有意见大多了。一两次也许并没有什么影响，但久而久之，你会因为顾虑他人的眼光而失去很多东西。

改变"讨好型人格"也许很难一蹴而就,但关键是要有改变的意识。要明白:自己的心情、自己的生活,比讨得他人的喜爱重要得多。就算有一两个人讨厌你,只要他们不是影响你人生重大发展的关键人物,就随他们去吧,大多数人都不会在未来有什么交集,把精力留给真正值得付出的人和值得努力的事。

> 蒋淑怡　女性成长博主@港大小方糖
>
> 香港大学新闻学硕士,中山大学经济学学士;擅长理财,曾单月收入六万元。讲我的经验,分享实用度满分的升级攻略;也讲我为什么是我。提升眼界,挑战自我,不停止思考。

第四章

破局思维，学会选择

为什么我们需要选择？什么影响了我们的选择？如何改进自己的选择？不同的选择带给我们不同的成长轨迹。本章将从不同的思维角度、不同的认知方式，教你不一样的选择方式。

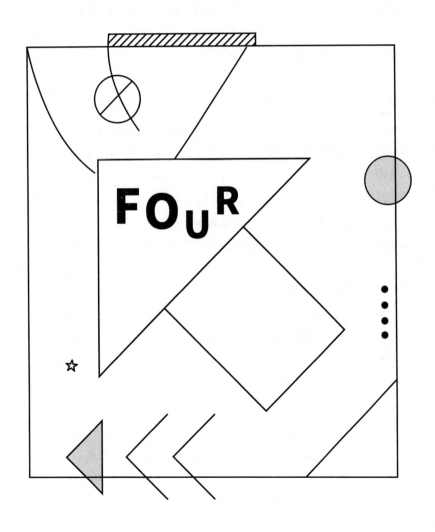

趁青春，勇试错

有学生曾经这么跟我说：老师，我觉得高中三年是最舒服的三年，只要好好读书就行了，而且过得特别充实，什么都不用管。但是到了大学，就觉得好难，好迷茫，不知道未来的路在哪里，也不知道自己要做些什么，而时光却在这犹豫和迷茫之中消逝……

我跟他说，朋友，趁年轻，多去尝试，这个时候的试错成本最低。这个时候的你就是一张白纸，可以写写画画寻找方向。你的当下，是我的曾经，希望用我分享的故事，给你一点思考。

一、迷糊少年的磕磕碰碰

当我懵懂进入大学之后，也曾这样不知所措，感觉每天的时间过多，生活有些空虚。这个社团那个社团，也没太大的意思。日常上课也多是敷衍，考前抱佛脚。除了上上课、考考证、过过级能让自己的生活略感忙碌之外，其他的事情好像也不能让自己感到充实。

某一段时间，听到一个学姐在做服装生意时赚了钱，某个师兄又开了奶茶店赚了不少钱，还有隔壁学院的某个学生承包了一个快递收发点，等等。便不自觉地默默仰望别人，思考为什么别人就那么优秀，既能做到成绩优异又能做到生活无忧。

我自己也想试试，哪怕家里人非常不同意在读书期间进行这种商业活动，但自己还是想尝试，想急切地证明自己是优秀的，是符合世俗意义上的年轻有为的。于是我悄悄存了点生活费，凑了5000多元钱，和另外一个小伙伴一同盘下了一家瑜伽馆。准备大干一场，憧憬着闪耀发光、与众不同的大学生活。

为什么选择瑜伽馆呢？首先，我们定位的目标人群就是在校有一定消费能力的女生。我们认为，这部分女生在减肥塑身上是舍得为自己花钱的。其次就是自己喜欢，我们自认为做这件事，可以凭借自己的喜好坚持下去的。当我们雄心壮志相信我们一定可以成功的时候，现实却给了我们一记响亮的耳光。

刚开始的一个月，我们做得很开心，装修店面、宣传营销等，事事亲力亲为，每天我和小伙伴都累到瘫痪，但我们却觉得异常充实。她负责教学，我负责后勤及日常营销，天天跑出去发传单。刚开始我们赔本儿赚吆喝，看着前来练习瑜伽的人越来越多，我们更是像打了鸡血，想象着未来会更好！

于是乎，便开始扩大课程种类，花重金请了爵士舞、肚皮舞的老师。一开始真的很多人来上课，我们想着哪怕是赔本，能够一直维持这样的人气其实也不会差。坚持3个月后，天气逐渐转凉，人流量锐减，又临近期末，大家也包括我们自己，忙着考试备考。要命的是，我们的资金烧没了，急得焦头烂额，不知前路在哪儿，除了及时止损，别无他法。

开瑜伽馆的整个过程我和小伙伴的家人都一无所知，所有资金全是我们俩日常省吃俭用，以及从其他地方打工所得，比如做家教、在教育机构兼职，以及做各种工资现结的模特等。那段时间我们俩焦虑到满脸冒痘，为了做这件事，落下了不少课，只能通宵复习，靠着一箱红牛和咖啡，熬过了所有的考试。

失败之后，记不清多少次深夜痛哭，我不停地问自己到底值不值。受这么多罪，老老实实做个乖乖女不好吗？其实在那个学期之后，我得出的结论是相当不值得。但当自己真正从学校毕业进入社会之后，才发现这件事是非常值得的。

首先，这段时间的经历，锻炼了我极强的抗压能力，以及从实际出发解决问题的能力；其次，在瞎折腾之中，深刻明白了"拉新"和"复购"的深层次含义；最后，说明了兼职而非全身心投入地去做某件事很可能会失败。

二、清醒头脑入世搞学习

结束这段"消费式做大事"的经历之后，痛定思痛，我认识到自己不能够分心去做某件事，而应该对当前自己所学的专业，有些思考。我认为未来一定是讲究学科交叉的，单一学科里的竞争越来越激烈，而自己很难成为单一学科内的最强者。因此只能让自己"杂化"，多学习点与本专业看似无关的内容。

刚开始我只有一点并不成型的想法，但在后面的实习工作中，社会现实告诉我，做学科内的最强者太难了。当我看到简历被人丢到地上，并听到对方说垃圾我们不收时，我强忍内心打击，捡起简历故作云淡风轻地离开。北京冬天的风很冷，吹到脸上跟刀割一样，脸都吹麻木了，哭了一路也不自知。我一度怀疑自己，奋力考上北京211高校是为了什么。难道就是被人羞辱吗？难道非清北，就不配被当人看吗？

塞翁失马，焉知非福。随后，另一份实习却向我发出邀请进入一家商业银行的外拓部门。不管它初心如何，但在这个时候能给我温暖的就是它，于是跟着主管，扫楼、陌拜、打电话、地推。

看着主管如沐春风般地同他人愉快沟通，有时候用方言，有时候用英文，有时候又来些雅俗共赏的玩笑话，不动声色便顺利完成这样或那样的工作任务。我是羡慕的，也是佩服的。这项工作看似没有技术含量，但跟着主管一路走来我却受益匪浅。未来工作不一定对口本专业，但人与人之间的沟通却是最值得玩味和思考的。这需要你了解更多更广泛的内容，天南海北，古往今来，都需要有所涉及。

学科交叉是必然。"杂化学习"永不停歇！于是，在学习本专业知识之外，我辅修了财务类知识。毕竟我当时还怀有自己单干的心思，懂财务方面内容是必须的。虽不能说精通，但基本的表格能够看懂，其根本原理也能懂。最后我顺利拿到第二学位。与此同时，基于前期实习的内容，我苦学英语，将其变成自己的工作语言。

三、撞完南墙定方向

前期多次跌跌撞撞的学习，让我的硕导一步步看到了我在某些方面的能力。在他的推荐下，我跟着项目去了某部级机关做实习生。前期得益于某主管的社会教育，混得还算灵泛。于是又在某位领导的介绍下，凭借流利的英文口语，加上前期打工时做家教积累的教学能力和资质，我顺利成为某高校留学生预科班的物理教师，由此便正式开启属于我的教师职业生涯。

从高校教师到重点中学学科教师，这个转变，让我的生活更加舒适。毕竟工作的目的是让我们的生活更美好。当老师，有寒暑假可以让自己好好调整，有足够的时间仰望星空，思考未来的路，以便脚踏实地稳步向前。

贵人相助永远都只是锦上添花，只有在自己有能力的情况下，贵人出手才能实现质的跃迁。哭过累过，勇往直前，笑对人生，自救者才值得被救；否则，面对自怨自艾，自我放逐者，有谁愿意伸出援手呢？

趁着年轻，多去尝试，多去试错。投石问路，以最低的成本去确定未来的方向！你如果现在再问我，你的学生时期充实吗？我会说，充实，特别充实！我特别感谢我曾经的"肆意妄为，天马行空"。

在这些"失败"的折腾中，我比同龄的人更了解自己，更了解这个社会。要我说，一定要趁青春，勇试错！永远在奋斗的路上，永远在行动！坚持并努力，我们的未来一定会更好！幸福是自己用双手创造出来的，撸起袖子加油干！

吴尚恩　　微博教育博主@Wynne老师就是我

　　毕业于北京工业大学土木工程学院，曾任某厅机关单位秘书，某985高校海外预科理科组员负责人。擅长心理学与理科教育，荣获阿思丹学院颁发的"Outstanding Coach（优秀指导教师）"证书，在新浪微博拥有大量原创博文，博客访问量达千万人次。

认识自我，从自由行开始

有人说身体和灵魂总要有一个在路上，要保持成长，要么读书，要么旅行。读书这件事的好处和便捷自然不必说，它是大多数普通人学习成长最便捷、性价比最高的方式；旅行则是一件成本较为高昂的成长方式。

因为经济条件和思维意识的限制，很多人根本不会选择旅行这种方式。即便如此，我认为，有条件的人还是应该走出去。我们当下的生活只是这个多彩世界的其中一面，多走多看才能领略世界的多彩，不会如井底之蛙般目光所及十分狭隘。

我所推崇的旅行，是在自己力所能及的情况下，提前做好交通住宿的安排，不铺张浪费的自由行。在一个陌生的地方放下现实生活中的一切，以一种全新的旁观者的姿态去感受生活。

我的第一次自由行是在28岁那年的暑假，当时的我为了逃避家人的催婚而出行。那时的我，是一个小镇的大龄女青年，是父母眼中那个条件一般却又眼光挑剔的大龄剩女。

我的不将就在他们看来就是大逆不道。随着年纪渐长，家里长辈催婚愈演愈烈，到了后来，更是看见我就来气，说话也开始冷嘲热讽，空气中都弥漫着让人窒息的味道。

就像刘若英歌里唱的一样："喜欢的人不出现，出现的人不喜欢。有的爱犹豫不决，还在想他就离开。想过要将就一点，却发现将就更难……"我也曾想过让自己将就，但一想到要和一个毫无感情的人面对面过一辈子，就觉得毛骨悚然，怕害了自己，也害了别人。所以在这件事上我坚决不愿将就。

一、从别人眼中发现自己不为人知的一面

我在一个当时还算流行的旅游论坛上约了两名女网友，揣着相当于我

一个月工资的2000元，踏上了旅程。三个人凭着对方的描述和电话号码在人海中寻找彼此并会合，我们商量着一起拼吃拼住拼玩，住青旅，乘公交旅游。

两个女孩：小邱和小裴，小邱仗义乐观，和我的价值观比较相近，也比较投缘；小裴年轻漂亮、见多识广，是某品牌化妆品的导购员。

习惯了当姐姐的我很会照顾人，小邱感叹我的贴心好脾气，小裴则一针见血地指出，我的好脾气不过是平时习惯隐忍迁就，一旦发火便如火山爆发不可收拾！

我诧异于小裴敏锐的洞察力，闲下来时仔细想想，确实如此。

现实生活中的我，不懂拒绝，更不会提要求，总是把自己放在较低的位置，看不到自己的价值，害怕破坏关系，一味维持表面的和睦关系。和人打交道时也总是把主动权让给别人，一旦难以忍受，忍无可忍，便只有爆发。

小裴的话让我反思：在我的人际交往上，我的难受难道都是对方的错？我有没有责任？到底是什么原因导致的？

两个星期后，短暂的旅途结束了，回家后的我开始学会关注自己的情绪，把别人对我的认可转移到关注自己的感受上来，并有意识地去探寻自己原生家庭的问题。

二、从旅途的人、事、物中得到成长启发

第二年的暑假，依旧单身的我打算去更远一点的地方，我选择了西藏。一来西藏是离广东较远的地方，二来我想着趁年轻，身体承受力较好，高原反应或许还可以适应，未来谁知道会发生什么事？

没有买到软卧，就买了硬座，感觉也没什么，毕竟票价便宜许多。在火车上待了三天两夜。第二天晚上开始感到昏昏沉沉，感觉越来越难受，心里也开始后悔，后面越来越后悔，害怕这种难受会一直持续。如果一直

难受，风景再好也无福消受，美好的假期也会白白浪费掉。

好在第三天昏昏沉沉的感受减轻了很多。后来才知道，初入藏者经过塔里木有一个短暂的适应期，挺过去就没事了。听说青海景色也很漂亮，我去转了一圈。在青海回西藏的火车上，碰到一位身体爽朗的老大爷，子女尽孝心为他买了火车票，让他去西藏旅游，经过塔里木时他出现高原反应，坐立不安。

大伙劝他入乡随俗，说西藏风景很美，高原反应休息两天就好，身体很快会适应，这位老大爷听不进去，嘴里直嚷嚷，说感觉很糟糕，非常决绝地打电话让他儿子订返程票，打算以最快的速度回家。一点不舒服就打道回府，一个不高兴就打电话对着亲人吐槽发脾气，让人看得目瞪口呆。大伙儿见此情景不再劝解，除了表示惋惜也不好再说什么。

不知道这位老大爷日后听到别人绘声绘色说起西藏的景色时，内心会不会有一丝丝的后悔。我很庆幸自己没有因为当时的难受便半途而废，因为在青旅休息了一整天后，我感觉神清气爽。

在西藏我见到了世界上最蓝的天，喝到了最地道的奶茶和酥油茶，看到了孩子脸上可爱的高原红，也认识了一些好玩的朋友。高原反应就像是生活中遇到的挫折，接受它并面对它，挺过去了，就能看见更美的风景。

林芝被说成是西藏的江南，我心里也很是向往。偏偏那几天西藏下午经常下雨，有驴友去了，说绝对不后悔；又有驴友说最近天气不好，去了恐怕也看不到好风景。这样犹豫着，几天时间就过去了。当我打定主意想去时，旅行社那边却因为乘客人数较少决定不发车了。

因为内心的摇摆，我最终没有去成林芝，刚开始觉得很是遗憾，后来想想又释然了，就像生活中的机遇一样，当它摆在你面前时，你不珍惜，它就会像烟花一样稍纵即逝，可能再也回不来。

过多的犹豫会让人失去选择权，与其犹豫不决，不如认真衡量利弊主动去选择，选择了就主动接受相应的结果，不给自己留遗憾。

三、自由行这件事给我的启发

旅行结束后,我和一些要好的朋友说起这次旅行,有好几个朋友都满脸吃惊,感觉不可思议,觉得我一个女孩子怎么这么大胆,跑那么远也不怕危险。尽管我告诉他们,我第一次自由行在网上约的驴友非常友善,面对一开始不懂网上购票的我,是驴友先帮我垫付买的火车票,其中一个驴友担心我回家路费不够,还借了我500元……朋友们还是认为我太冒险了!

我告诉他们:这个世界没有我们想象中的那么好,但是也没有想象中的那么糟糕。我在旅途中遇到很多不求回报、乐于帮助别人的人,我也是其中的一员。大家都觉得萍水相逢是一场缘分,跟陌生的驴友交谈不仅可以一起拼车拼吃,还可以打发旅途的无聊时光。即便如此,朋友们还是认为我独自旅行太冒险了!

我问那些朋友到底在担心什么,朋友的回答有些啼笑皆非。

"担心会遇到人贩子!"

"女孩子一个人在旅途上会遇到坏人!"

"会遭遇抢劫!"

……

如果说一点危险都没有,那肯定是骗人的,我在旅途中也差点遇到坏人坏事,但这个概率比我们想象的要小很多。

为什么踏上旅途的人不担心路上的危险,没有踏上旅途的人反而有诸多的担心呢?我想,就是因为不了解,反而会更害怕,因而把危险成倍放大了!越是害怕越是裹足不前,越不敢走出去,而我们辨别坏人的能力也就越弱。真正正确的做法是勇敢走出去,边学习边成长。

我们的人生又何尝不是这样呢?第一次上台演讲,第一次到陌生的城市,第一次对自己的人生负责……如果我们总是害怕,不主动去拥抱生活,我们永远只能躲在象牙塔里。

回到旅行这个话题,是不是到哪个地方旅行都安全呢?也不是!我们如果选择那些旅行开发比较成熟的城市，很大概率上能避免那些危险。在网上看看旅游攻略，就可以大致了解一个地方旅游开发是否成熟，网上攻略越多，则很可能这个城市的旅游业开发越成熟。

那些名不见经传，贫穷又偏僻，交通又不发达的地方，独自去旅行还是要慎重，我选择的桂林、阳朔、西藏，都是经济不发达但当地旅游发展很成熟的城市，这些地方随处可以见到驴友，吃住、交通也都十分便利。

我因为逃避催婚而选择自由行，旅行反而让我开始静下心来，放空自己，释放平时的压力，也让我开始关注自己的内在成长。

不过，旅行虽好，现实生活中的问题却终究不能靠旅行来逃避。

后来的我，依然坚持宁缺毋滥，看到周围同事迫于压力而随大流嫁人后为琐碎生活而苦恼的状态，我开始接受自己有可能一辈子单身的现实，甚至打算自己买一个小房子……

再后来，我在一个朋友的介绍下，认识了在生活中和我互相扶持的先生，相爱相伴，日子有苦有乐，现在宝宝已经两岁多了。回首往事，感谢从前坚持的自己，也感谢那些年自由行带给我的成长。

钟小岚 微博博主@流浪在城市森林

一线教师，今日头条情感领域创作者"跳跳糖村"。知乎号"跳跳糖村"。一个内心追逐自由的"80后"宝妈，奉行终身学习的理念。目前是柔与韧会赚钱的妈妈的联合出品人，柔与韧登阅计划合伙人兼ABM（Account-Based Marketing，基于客户的营销）平台创业者。

敢于尝试，机会靠自己争取

去年在微博聊考研话题时，很多朋友留言聊自己的经历。其中部分朋友提到了一个共同问题：家里不同意考研，最后忍痛放弃了考研计划。家里不同意的原因，要么是专业不如父母心意，要么是因为离家远，要么是因为家庭经济能力不足，等等。很多朋友表示，没有家里支持，只能放弃考研梦想，十分遗憾。

没有父母的支持，就一定要放弃考研梦想吗？当然不是！

只靠自己，能行吗？当然可以！我就是那个成功的例子。

一、单亲家庭，条件不允许我考研

我生长在单亲家庭，从小生活一直比较拮据。"零花钱"这三个字，在我的字典里不存在。到了念大学的时候，和大多数专业相比，医学专业的学费是其他专业的双倍，还因为是五年制，要比别人多念一年。这些已然给家里增加了额外的负担。所以本科期间，我就决定了不考研，毕业后直接工作。

我有幸通过重重面试，进入三甲医院的神经外科工作。但在工作期间，看着全科室上上下下，无论是主任、副主任、教授，还是身边所有的医生同事，都是清一色的博士生、研究生，我感到了巨大的差距和压力。在医学这个领域，我十分需要拿到研究生学历，提高自己临床和科研的能力。

但是，读研究生对我的家庭而言，是一笔极大的开销。家里并没有多余的钱，能让我连续几年不工作，重回学校念书。

可我还是希望读研。一旦打定主意读研，我便开始着手解决横亘在我面前的一个个问题。首要问题当然就是学费和生活费。所以我的第一步计划，就是存钱。既然家里没有条件为我准备学费、生活费，那么唯一的办法，就是自己存钱。

存钱的办法无非四个字：开源节流。在节流方面，有个帮了我大忙的方法不得不提，那就是记账。记账带来的好处是巨大的：它梳理了我的开销，让我能清晰看到自己不必要的支出，及时纠正，悬崖勒马；还能让我对金钱的支出、流入，有更直观的数字概念，让我能随时掌握自己的存钱进度。

记账很琐碎，麻烦，也很花时间，但我受益巨大。若需要存钱，我建议大家把鸡毛蒜皮的所有开销，一笔不漏，全部记下。

最前面几天开始记账可能很痛苦。看着钱包里的钱少了，可无论怎么回忆，也想不起来钱花在哪里。那就把票根、收据、扫码支付记录都留下来。有多少记多少，想起多少记多少。只要你能坚持完成前面几天，后面就会越来越顺利，记账效率也越高。

看着账本上存钱的数字，一点一点慢慢变大，真的让人非常有成就感。值得一试！

二、机会早晚会来，要靠自己争取

存钱进入正轨后，我便开始关注考研信息，也开始复习刷题。外科的工作时间类似三班倒，下班回家的我只想躺平，一坐在桌子前就犯困，学习效率极低。我试过喝咖啡、喝茶、洗冷水澡、站着看书等方法，依然犯困。我的第一次考研也以失败告终。

询问了当年成功考上研究生的几位老同学，他们几乎都是辞职之后，在家专心复习。而我不敢辞职。没考上怎么办？找不到工作怎么办？这些现实问题，不允许我辞职。但学习时间不够复习不好，我又考不上。我似乎进入了一个无解的死循环。考研仿佛离我越来越远，可望而不可即。

当时，全科室的领导和同事都知道我想考研，也都知道我第一次没考上。说到这里很多朋友会有一个误解，不敢把考研的想法说给同事听。要么担心万一没考上会被嘲笑，要么担心同事会猜测自己有"异心"。而实际上，当大家都知道你认定了某件事、坚持做某件事时，是会真诚地祝福你的。

退一万步说，你把梦想告诉大家，就算99个人都嘲笑你的梦想，只要有一个人支持你，这份支持就可能为你带来好运。

带给我好运的，就是我们神经外科的杨主任。他收到了一封香港中文大学的信件，信里介绍了香港中文大学开设的大脑神经学研究生课程，并请杨主任推荐优秀的学生。杨主任把这封信转给了我。

收到信时，距离上面的报名截止日期，只剩最后一周。我顾不上机会是否渺茫，去香港念书是否可行，只管埋头照着信上要求的文件和材料，争分夺秒，一份一份补齐。

记得其中一份文件，需要盖某个章，而能盖章的那间办公室，在我本科医科大学的图书馆旁边。我两次去这个办公室，都被告知管理这个章的老师不在。那位老师好像在几个部门都有交接工作，所以只偶尔回自己办公室。只剩最后两三天时间了，我还没盖上这个章。

好在学校离我工作的医院，车程只有5分钟。于是那两三天里，只要我有15分钟以上的休息时间，我都飞速去一趟学校办公室，看那位老师在不在。不在，我也不等，扭头跑回医院。下一次再有15分钟休息时间时，再去。这样来回折腾了10来次，终于"偶遇"了这位老师，踩着截止日期，盖上了章。7年过去了，我到今天还清楚记得，那间被我"踏破门槛"的办公室。

另一个让我印象深刻的文件，就是银行的存款证明。香港特区政府为了杜绝学生不顾学习，疯狂打工，要求学生证明有足够的经济能力。所以在办理入学签证时，学生需要提供一份不低于10万元的存款证明，且要冻结在银行里，冻结周期半年以上。

10万元也许对很多家庭来说都不是难事，但对当时的我来说，已经算是一笔巨款。我把之前零零碎碎攒的钱全凑在一起，股票也全卖了，还差一些。这个时候就很尴尬，已经拼到这一步，我既不想放弃读书的机会，又不愿意开口问朋友或者同事借钱。

于是我开始卖东西，笔记本电脑、手机、CD机、iPad、代步车……但凡功能完好、值点钱的，一律低价卖出。一些卖给了有需求的朋友，一些挂在学校论坛，卖给了节俭的学弟学妹。最终，在学校报名截止日期之前，我凑够了钱，及时存进银行，开好了证明。

从杨主任把香港中文大学的信转交给我，到我准备好所有的文件、办完所有的手续，那整整一个星期，我几乎没有睡过一个好觉。一闭眼，就是大片大片的纸在我头顶飞，我满脑子都是文件、钱。几个月之后，当我左手拿着香港中文大学的研究生录取通知书，右手拿着港澳通行证时，我狠狠地哭了一场。这一切都是我独自一人完成的，我为自己骄傲。

如果没有前面辛苦地存钱，那么就算从杨主任手里拿到香港中文大学的信件，高昂的学费也是拦路虎。如果没有每天认真工作，杨主任又怎么会把这个机会给我？如果我一看到距离截止日期只剩一周，就放弃了，那么又怎么会有今天的我？敢于尝试，就有机会；机会来了，要靠自己争取。

去了香港之后，为了省钱，我租住在三室一厅的客厅里，当上了"厅长"。一个帘子把我的床从客厅隔开，这就是我晚上睡觉的地方了。而所有的白天，"厅长"我无地可去。除了上课，无论双休日、节假日，我全在学校图书馆度过。在图书馆里，我频繁遇到一位同班同学，我们开始结伴天天泡图书馆。毕业后，这位同班同学和我结了婚，再后来，我们一起去了美国，当然这些都是后话了。

尹梓　微博教育博主@医生妈妈在美国

毕业于陆军军医大学（原第三军医大学）临床系，曾任陆军军医大学附属新桥医院神经外科医生，香港中文大学附属威尔士亲王医院脑肿瘤研究员，有7年多工作经验。现居美国经营自媒体，拥有大量原创育儿博文及亲子视频，头条号"人类幼崽观察员"，访问量达百万人次。

遵从内心召唤，踏上无悔人生

我是一名企业教练培训师，从业近 16 年。

1991 年，我从家乡入伍，从军 12 年间历任排长、副指导员、作战参谋，曾荣获三等功；2003 年转业后在国家事业单位就职，任中层管理者。在入职的第二年，开始接触现在的行业。2015 年，我正式辞去公职，加入了我喜爱的这个行业。

身边很多人都会问我，你为什么要辞去公职？一路风光走来，放着稳定、可靠、待遇又好、名声又好的铁饭碗不要，选择现在的职业，既没保障，风险又大，不后悔吗？

一、人生的每一步，都不是弯路

在大多数人看来，人生最好的状态就是"一帆风顺"，所以我们渴望顺顺利利，我们想要事事如意，祈求我们的生活最好不要遇到风险，不要经历挫折，不要走弯路。

而我的人生经历过很多次的挫折，走过很多次的弯路。

第一次挫折是高考失利。我觉得失去了原本支撑人生的梦想，那简直是一种毁灭性的打击。整整几个月，我不知道自己该做些什么。我既不关心父母的着急，也不在意好友的担心，我觉得自己就是所有人眼里的失败者，曾经的豪言壮语都是那么的可笑，我本来可以成为父母和恩师的骄傲，成为同学眼中羡慕的榜样，可是一切都不存在了。

那个时候我只想逃离。所以，我选择了瞒着父母报名参军，踏上了 12 年的行军生涯。

可是，挫折和弯路并没有因此远离我：当兵期间，我拼尽全力让自己出类拔萃，却在报考军校时遭遇专业填报错误；军校刚毕业就要为父亲还债而欠下大笔债务，原想一生从戎却又因家庭原因需要转业，回到地方却没能进入自己喜欢的单位，通过努力职务逐步上升却遭遇身体受伤而停滞不前……每一次的挫折，都让我觉得自己被世界抛弃，我的人生怎么如此不幸？

在承受这一切的时候，我并不知道：其实，我这一生中所经历过的最幸运的事情，就是这一次一次的挫折。

考军校遭遇专业填报出错，所以只能报考冷门专业，毕业后反而因此脱颖而出；刚开始工作就欠下大笔债务，让我生活独立，习惯节俭，工作努力而拼搏；虽然转业离开了热爱的部队，却让自己在还年轻的时候就回到地方，得以跟上这个时代不断变化的步伐；虽然受伤使得自己在单位的发展停滞，但让我开始思考和探索自己的人生是否有更多的可能性，进而有机会尝试和体验自己喜爱的事业。辞去公职的我，反而获得了"解放"，进而开始了我一生中最富有创造力的时期。

我非常确定，如果没有这些挫折，今天的我不可能是现在的样子。

这些年来，不服输、不放弃，认真甚至是咬着牙面对发生的一切，是我面对挫折的唯一方法。最重要的是，当我最终能够跨越挫折的时候，我发现自己已经因为那些挫折而变得更坚强、更自信。挫折，不但没有让我死去，反而让我比过去活得更好。

在我今天从事的培训工作中，经常会遇到学员向我分享或求助如何面对他们遭遇的困难、挫折。这种时候，我常常庆幸那些曾经的经历，那一次次在挫折中艰难跋涉的过程，让我可以真切体会到他们在这种时候的生命状态，我不会只停留在讲道理和阐述概念，而会感同身受地陪伴他们战胜这些挫折。

《少有人走的路》一书中说："人生原本苦难重重。"确实如此，感谢那些曾经的挫折和走过的弯路，它们在我的生命中出现，是那么的幸运。

二、只有发自内心的热爱，才能成就与众不同

小的时候，我并不是一个品学兼优的好学生，也并不够活泼开朗，在

人前讲话经常满脸通红、磕磕巴巴，可以说是个搁在哪里都不会引人注意的普通孩子。

如果说我和其他孩子有什么不同，那就是我从小特别喜欢看书、听故事。

那个年代，因为家庭经济困难，没有条件买书。我只能到学校图书馆、到同学和邻居家里借书，甚至在随父母走亲访友时到别人家找书看。记得有一次，无意中在一个长辈家的旧衣柜里看到一全套几十本的《三国演义》小人书，简直爱不释手。

因为对方的孩子不愿意借阅，我厚着脸皮去了一次又一次，每次都赖在那个衣柜里不愿出来，如饥似渴地翻了一遍又一遍。有一天，他们家的孩子趁我翻书时不注意把衣柜门关上，并锁起来。可能是怕得罪了他们，当时我也不敢大叫，结果在那个黑暗的衣柜里被关了很久才被放出来，那种恐惧的体验久久不能忘怀。但再次路过他们家时，依然无比渴望再有机会去他们家看《三国演义》。

没有书看的时候，我喜欢在广播、收音机里听故事，站在电线杆下听广播里的"小喇叭"、蹲在别人家门口听收音机里的评书，都是再正常不过的事。

我爱听故事、看故事，也爱讲故事。说来也奇怪，跟人打招呼会脸红、站在台上背诵经常忘词的我，只要一跟别人讲起故事来，就能够眉飞色舞、滔滔不绝。

记得在初中的时候，我参加学校组织的夏令营。每天晚上入睡前的固定节目，就是一大帮男孩女孩围在我的身边，听我讲各种各样的故事：武侠、惊悚、侦探……而白天，总会有小伙伴请我吃雪糕，为的是晚上可以听到他们喜欢的故事。

一直以来，我对故事的喜爱都找不到缘由；一直以来，我也没有想过我的人生里，自己对故事的这份喜爱，会有什么实际的作用或价值。但是若干年之后，当我走上讲台，跟成年人讲管理、讲婚姻、讲育儿、讲人生思考时，发现《三国演义》里隐藏着现代人需要的领导力，金庸武侠的背后有都市男女关心的情感规律……原来，我们过好自己人生的那些道理，全在古今中外、大大小小的故事里，当年喜爱的这些故事全派上了用场。

当年，我在读那些故事的时候，并没有先见之明，但多年以后再回头看，生命的轨迹变得非常清楚。

人生就是如此神奇。所以，我坚信，我们现在所经历的，将在未来的生命中串联起来。有时你不得不相信某些东西，那就是来自我们内心的感受、直觉，它可能跟理性无关，但是它使我们的人生与众不同。

三、遵从内心的召唤，人生方能无悔

2009年，我受过一次伤，在那之后的一段时间里，我都沉浸在人生最低谷的状态之中。对未来陷入迷茫，对自己也极度否定，无数次我都问自己，接下来我该怎么办？

但是，当情绪渐渐平复，理智渐渐清醒，有一种东西慢慢地从内心深处浮现出来，我发现自己依然热爱着我所热爱的东西，虽然经历波折，但我的热忱不改。

我告诉自己，生命有限，所以不能把时间浪费在别人的生活里。无论是爱人、亲人、朋友还是陌生人，他们可能出于关心、出于善意。但是，这些都不该淹没我们自己内心的声音。

于是，我决定重新开始。这一次的选择是那么清晰，决定是那么坚决。

我决心去做自己喜欢的事，我坚定选择从事培训行业，做一名职业培训师。虽然屡经挫折，但我依然热爱生活；虽然人生已跋涉近半，但我依然像当初那个爱听故事的孩子一样单纯，依然像当年一样愿意分享自己对生活的感动。在这个行业中、在那个讲台上、在每一次支持学员的过程中，我都能感受到爱的流动——那就是我想要的生活、想要成为的自己。

踏上这条内心选择的道路以来，我先后获得中科院心理研究所EAP硕

士学历,国家二级心理咨询师、二级婚姻家庭咨询师,并成为全国首批认证的350位企业教练训练师之一。与我的团队一起,支持企业及个人客户近万人次,陪伴和见证无数生命的蜕变。

这一路,我无悔自己的选择。

这一切,都来自我内心声音的指引。最为重要的是,我拥有那份遵从内心召唤的勇气,因为我的内心早就知道我是谁,我想成为一个什么样的人!

> 糜亚乒　　微博博主@温暖导师亚乒
>
> 中科院心理研究所EAP硕士,国家二级心理咨询师、二级婚姻家庭咨询师,人社部企业教练训导师。专业致力于家庭教育十年,擅长情感咨询及青春期孩子心理疏导,指导家庭及个人超过1000人次。

发现天赋，绽放优势

小时候，我常常跟同学开玩笑说，我是苏老师！其实我没有当老师的梦想，我自称老师，纯粹出于一个"学渣"希望得到大家认可的一种心理，仅此而已。

一、积极天赋，奠定基础

"又被你说中了，这次果然一个月都不到。"

"每次都中，以后你去摆摊，我做经纪人帮你收钱。"

"就是嘛，经过我的分析，他们俩绝对好不长久。"

曾经我有一个谈了3年的男朋友，我被他甩了，我又不甘心。重要的是，这个男朋友后来还常常跟我聊他每一个现任。因为内心还喜欢，所以每一次聊天后，我都会去做大量的功课，通过对方微博字里行间的说话语气，以及他描述的相处细节，分析他每一个现任的性格以及做事风格，然后预判他们是否能成。

当时还在上学的我就跟别人不一样，别人超爱玩游戏读小说看漫画，这些我通通都不爱，就偏偏爱研究性格养成，大晚上不睡觉，沉迷在豆瓣和天涯上各种小分队，跟天南地北的网友们一起研究，至今我的微信里还有好几位网友，是因为当年我情感受挫而结识的。除此之外，平时我还老抓身边的朋友来做研究对象，他们不但心甘情愿被我研究，而且觉得很有趣。

我发现，我天生乐观，充满希望，总能看到万事万物积极的一面，感觉每天的生活都充满了美好和生机，我的热情向上总能感染到周围人。

二、理念天赋，得到认可

"老板，明天我可以来做你的助理，跟你学习吗？"

"没问题，明天早上8点公司见。"

"你可不是助理，你是一个很有天分的策划师。"

从中国传媒大学进修后，开始找工作的第一天，我在一个婚礼工作室面试。当时走进来一对年轻小夫妻，他们逛了很多家婚礼公司，都没有找到心仪方案，最后因为离地铁站近的原因，顺路来看看这家工作室，不满意就回家。巧的是碰上我也在，老板就当场安排我出来试试。

我跟正常婚礼策划师一样，先问新娘子的喜好，沟通过程中我还多问了几句"为什么"。新娘子跟我讲了好多，估计是前面没人关心过这个"为什么"的问题，她滔滔不绝地列举了曾经看到过别人婚礼的种种不如意。

我搞清楚了，原来她真正介意的是跟别人雷同，其他婚礼公司总是给她介绍成功案例，也就是别人使用过的方案，她自然就不满意，但是自己又表达不清楚。后来，我大胆给了一个想法——谁说新娘一定要挽着父亲的手规规矩矩地进场？当新娘独立又欢快地蹦上台，就像童话里的精灵，这不也是一幅幸福美好的画面吗？！

看到她眼睛一亮，我接着告诉她，粉色紫色太普通了，用绿色打底红色点缀吧，就像绿野仙踪的感觉一样，喜庆的红色长辈们肯定也喜欢，然后她当场就交了定金。离开前她还拥抱了我，她说别人都想纠正她，只有我尊重她，还真心给她出主意。

我发现，我脑子里的各种奇思妙想，各种新颖观点，不断涌出。我乐于在我熟知的世界跳出传统的固有思维，在看似毫无关联的现象中，找到彼此之间的联系。

三、完美天赋，激发潜能

"你太狠了，一个小女人居然比我们老爷们还狠。"

"我就喜欢你逼我，我缺的就是背后这一股推动力。"

"谢谢你还在，其他教练中途都离开了，还好你没放弃我们。"

在我曾经的教练们都劝我离开的情况下，我坚持继续做心理教练又带了一期新学员，连续一年零收入啃老本，前后花费有近20万元，我的教练们心疼我，所以不建议我继续投入时间和精力。这是我人生当中，没有得到任何支持，但依然坚定自己选择的第一次。曾经的我，每次选择都依赖别人的肯定,但这次居然不需要了。

在做心理教练的课程中,我穿插了很多公益活动,通过活动激发学员们内心深处的爱,去点亮更多生命。我带领学员在北京某小学校园举办心连心公益活动,从走上街头请陌生人捐助资金,到现场搭建和活动流程设计等,每一步我都参与其中。其实学员们都是第一次参与,摸着石头过河,我就这样在一旁陪伴、引导,通过他们表现的种种行为模式,挖掘他们内心的敏感、恐惧,同时也会发现他们隐藏的潜能和优势。就这样,我鼓励大家发挥优势大胆行动。

其间,我带着自我设限的一批学员去蹦极,让大家战胜恐高突破自己,我没有告诉大家的是,其实我也恐高,那也是我第一次蹦极;其间,我还去给学员做家访,做企业访,通过了解原生家庭和同事的多方信息和反馈,全面帮助他们一一击破纠结点,让其能更安心冲刺目标。短短半年时间,我成功帮助20名学员,达成了各自的事业目标或家庭目标。

有的学员,从害怕跟人打交道,到后来每天认识新朋友,成功开启副业。

有的学员,销售业绩从30万元提升到后来的100万元。

有的学员,成功瘦身30斤,找到理想工作,还找到理想男友。

有的学员,从一个天天被老婆闹离婚的大男子主义者,到后来变成每周带老婆去烛光晚餐,还帮忙做家务的暖男。

……

我发现,我很容易发掘别人擅长做的事情,以及他们能胜任何种工作,并快速帮他们完成匹配,我关注优势和质量,并用来激励个人和团队追求卓越,精益求精。

四、伯乐天赋,传递能量

"苏老师,我不够自信,你帮我找找优势吧!"

"苏老师,看到大家做个人品牌发展事业,我也想做,你看我的优势适合做什么？"

"苏老师，我觉得自己已经很努力了，可为什么至今还没有成功？"

这个时候，我已经是一名全球认证的 Gallup 盖洛普优势教练，还成立了伯乐苏优势学院。我喜欢和大家交流，我喜欢帮助大家变得更好。在每一次即将进入讲课状态时，我是极其兴奋和期待的。在每一次咨询和电话沟通中，我是极其享受、乐在其中的。

我能捕捉到每一个灵魂的美好和有趣，我能用我的专业知识给他人引导和建议，我能用我的热情乐观给他人传递力量，我能用我的创造思维给他人灵感和启发。当大家给我打电话发微信报喜的时候，我心里特别欣慰和感动，我居然是他们第一个想分享好消息的人。

现在，我真的成了大家的苏老师，我很庆幸，我的天赋被自己挖掘出来了，我的优势也都用对了地方，还能帮助这么多人。

我发现，我能够轻而易举看到别人未经雕琢的潜能和逐渐进步的过程。我还喜欢帮助别人成长，让其体验成功，当看到别人的进步和成功时，我就更加有动力。

我不是燃烧自己，去照亮别人。

我是把自己活成一束光，然后去照亮别人。

苏老师，好听！

> 苏田　微博博主@伯乐苏（全网同名）
>
> 　　全球认证 Gallup 盖洛普优势教练，伯乐苏优势学院创始人，15万粉丝微博博主。有 3 年 1200 小时咨询经验，帮助 600 人发现天赋，绽放优势（其中包含 70 多个博士，150 多个硕士，30 多个海外学员，40 多个同行咨询师）。

接纳自己，才能做更好的自己

我生长在一个从爷爷辈开始就是高才生出身的家庭。父亲一辈茶余饭后的谈资，就是他们当年在名牌大学如何如何，自己高中时候数理化多好，学校里的生活多么丰富多彩，又或者是他们的老师有多么优秀。

可惜，我是家里三代以来成绩最差的，也是唯一的专科生。

在我上大学以后，每逢佳节，家里就有人背着我，说我是家里三代以来成绩最差的，唯一的大专生。堂哥表哥们不是在复旦就是在清华，而我，丢了我们家族的脸面。

说起来也好笑，如今的我，可能是家里活得最快乐的那个。尽管如此，这个快乐也是经过了时间的考验，由我自己慢慢磨出来的。

一、那时候，我以为世界都是我的

小的时候过得顺风顺水，未必是好事。小学，那个只要你用心，就能比别人厉害的时代，于孩子而言可能是最可怕的时代：拿不完的奖，考不完的第一名，所有事只要努力就有结果，只要花时间，你就是父母的骄傲、"别人家的孩子"。看着不错对吧，但是别忘了那句话，爬得越高，摔得越惨。

我依然记得，别的家长在我母亲面前说"你家孩子数学真好，那么难的试卷，她还能考满分，班里总共只有两个90分以上的小孩，真羡慕你啊"。其实高中以前，我的数学从来都不用上心，也能轻松考高分，不过这也给我的高中生活带来了巨大的压力，这是后话。

而母亲从来没管过我的成绩。在她眼里，我不用管，成绩还很好，就是她最大的脸面。我母亲那时候就是一个不工作，天天花钱，还喜欢买昂贵衣服的虚荣家庭主妇。

至于弹钢琴，只要我愿意每天练习，工作日练两小时，周末及假期每天练五小时，就没有我考不过的级，练不会的曲子。英语，只要我坚持一周背熟两篇新概念英语，并且可以达到默写的程度，就没有我拿不了高分的学校英语考试。父母只管做好自己想做的事情，他们要的脸面，我都可以给他们挣来。反正一切，只要愿意花时间，都很容易达到。

我还记得那时候自己在日记中总是写一句话：你聊你的快乐教育，我考我的清华北大。

二、我是谁不重要，重要的是我做不到

在四年级的某一天，我得知堂哥中考考了全市前几名。那个时候我给自己定下了一个目标，就是像堂哥一样考入全市前列。不过接下来的几年，对我来说简直是噩梦。

到了初中，物理、化学开始渐渐成为我的噩梦。简单的电学原理，简单的酸碱反应，在我眼里难如登天。物理、化学这两个科目，让我从年级前100名掉到了年级倒数100名。说实在的，初中时，在遇到自己不擅长的科目时，依靠努力学习依然可以跟得上。但是想拔尖，太难了。

曾经对我和颜悦色的母亲，也开始对我拳打脚踢。当时我在班里几乎没有朋友，甚至天天经历校园暴力，她甚至没去做调查和了解，就怀疑我早恋。现在想想都让人觉着心痛。

2014年，班主任告诉我们，只有一半的初中生可以顺利考上高中，而在这一半能考上高中的学生中，只有十分之一可以考上重点高中的重点班。

班主任的话唤起了我的斗志，曾经我的成绩那么优异，我要奋起直追。为了提高成绩，我坚信勤能补拙，坚信只要我总结得够多，花的时间够多，就可以追上去。

在那时候也确实如此。

通过努力，我让自己的成绩又重回年级上游。感谢我的数学，它从来都不需要我费心，就可以帮我把分数拉上去。那时候我喜欢在日记本上写，"感谢老天爱我，让我如此有数学天赋"。当然，还有一句话，"堂哥考上了复旦，表哥考上了清华，作为他们的妹妹，我怎么着也要和他们做校友吧。"

不过，高中我就懈怠了。数学"女神"再也不眷顾我了，无论怎么追赶，数学成绩都是一塌糊涂。

高中的班主任是语文老师，他从高一就开始怀疑我中考数学的高分是作弊得来的。那是2015年下半年，我在日记本中写道，哭着考上的重点高中重点班，我咬着牙也要把它读完读好，然后跟在哥哥们的后面听他们讲述他们的大学。

但我的数学成绩，徘徊在了40到50分之间，满分150分。因为高一成绩太差，也因为当时大多数人都觉得学理科好，我的父母爱面子，所以文理分科那一年，我选择继续读理科，死皮赖脸留在了重点班，没有选择掉级去文科普通班，这也算保护着我妈最后的一点颜面。

谁能想到，从小就是"别人家的孩子"的我，到了高中却动辄就被叫去办公室。化学老师和物理老师都说，就算是选择题答案全部蒙完，也不至于得这点分。

那时候每天走进教室，我都有一种绝望感，仿佛教室就是我的"坟墓"。而我，可能连墓碑都不配有。睡着的时候天永远都是黑的，看不到未来和希望。

那时，我相信努力是可以为自己带来改变的，但是种种现实告诉我，我做不到。

三、在这世上，我是最好的自己

高三，因为抑郁，我在医生劝说下休学半年，在家自学。

在家自学总是免不了和家里人磕磕碰碰。在2018年过年的前几天，我在和母亲的一次争执中伤了右手，去医院缝了4针。同时这也宣告着，我的右手不能写字了。

感谢那一段不能写字的日子，让我有了时间去思考，我究竟是为了什么而活——追逐哥哥们的步伐，还是为了父母的面子？学理科的话大学可以学什么专业，这些专业真的是我喜欢的吗？

有意思的是，其实我内心并不想去清华、北大、复旦等名校读书，那里的生活太累太辛苦，不会比高中轻松多少。到了这个时候，我才意识到三观决定选择，选择重于努力。

由于我第一次高考成绩实在太差，便开始了复读生涯。我依然只能继续和理科打交道。虽然那时候成绩已经伤不到我了，因为我不在乎了。

高四一整年，我以调整自己心态为主，并不是说成绩不重要，而是如果我把它过于放在心上，恐怕会走向最糟糕的结局。人都是有求生欲的，我得先保证自己能支撑自己活下去，这是第一要务。

好在这是个只要你愿意努力，就活得下去的时代，并不像我初中班主任说的那样，满世界都是本科生的时代——要知道，我中考的时候，就已经残酷到很多同学都没有机会去接受高中教育，他们只能去职高。

既然复读期间理科之路举步维艰，那我就要寻找自己未来活下去的出路。

趁着暑假，我去拜访了以前所有欣赏我、喜欢我的老师，包括补习班和兴趣班的老师。

其实有些人会认为，这么做非常没面子，自己没有功成名就，哪有脸面去见江东父老。但是此时的脸面，对我来说是最不值钱的。

我一个一个去拜访老师，带着笑容和礼物，去寻找自己当年的优点——经历了3年黑暗的高中生活，我内心已经把自己鄙视得一文不值，我需要第三方来告诉我，我是一个什么样的人。无论如何，我要找到自己的长板，自己未来的依仗。

于是我发现，高中三年，我忘了自己曾是个高傲又开朗的女孩，忘了自己曾经拼命练习钢琴，忘了自己曾经多么喜欢小动物，忘了自己除了考试成绩以外的一切。好在这些老师记得曾经最好的我。我不小心把自己给丢了，还好，现在又把自己捡回来了。

我有这么多优点，为什么要因为考不上名校而自暴自弃？！

一年后，我带着全新的自己，以及没什么进步的高考成绩，走进了本地的一所大专院校，学了英语教育这个专业。我想拯救那些曾经如我遭遇一般的孩子。

就算是蜗牛，爬行的过程中也会留下水渍，人活一世，多少会留下痕迹。我在大学附近的一所琴行兼职教学钢琴，虽然因为没有文凭，只能教入门钢琴和成人钢琴，但是我凭借当年的底子，以及真诚的交流，在琴行积累了一定的人脉，也拥有了第一批被我影响的学生。

虽然这只是微不足道的成就，却也给我的生命带来了曙光。

其实自己并没有想象中的那么差，而且，阳光那么美好，我完全可以给自己理由，继续沐浴它。人世间还有很多书我没有看，我还没吃过其他地方的特色美食，也没见过外面的世界，没必要把高考成绩当作永远的痛。

人活一世，不仅仅只是来过。如果你想变得更好，就接受自己的不足，让身心松弛下来，你才能变成更好的自己。

黄苏平　微博原创视频博主@红点树皮

英语教育专业大学生，2000年生人。现在校园附近的一所琴行兼职做钢琴老师，过去的6年都在同抑郁症做朋友，在处理不良情绪方面有非常丰富的经验。大学期间多次组织大学生去小学进行环保教育，对小学生的情感需求有充分了解。曾带领社团获得"绿色引航"活动优秀社团称号，并当选为该活动的优秀志愿者。

掌握主动权，轻松走出人生迷茫期

二三十岁，是最容易迷茫的年纪。学习不再是唯一的主旋律，一个又一个选择迎面向我扑来：小到时间如何安排、工资如何支配，大到选择什么样的工作、什么样的社交圈、什么样的伴侣。

选择的不可逆性，让 25 岁的我踌躇不前，甚至一度陷入迷茫：我到底喜欢什么？我该如何选择？

时隔 6 年，我成了一名幸福人生教练，从事自己热爱的事业：为上百名客户提供职业发展、亲密关系、个人成长的咨询和教练服务，陪伴他们定制自己的人生版本，创造想要的生活。

以前我有多迷茫，现在就有多笃定。一路持续探索和实践，化被动为主动，从迷茫到笃定，我拥有了期待中的幸福人生状态，也逐渐在实战中摸索出一套化解迷茫的方法。

一、如何做出合适的选择

2014 年大学毕业后，我加入日本某知名服装品牌。原本以为迎来了光鲜亮丽的职业生涯，没想到被现实"打脸"：早晨 6 点天还没亮，就得摸黑起床赶早班车。在严格的考核下，重复最基础的清洁、整理、销售、收银的工作。

长时间高压的节奏和紊乱的作息，让我几度抓狂：这是我想要的工作状态吗？到底要不要坚持？终于，为了长期健康的职业发展，我决定辞职。

从高强度的工作中解放出来，刚毕业 3 个月的我，立马陷入了前所未有的迷茫：我到底要从事什么样的工作？想要什么样的生活？

于是我把所有可能的工作方向、意向公司都列了出来，整体分析了一遍。多年后，在职业生涯规划师的课堂上，我才知道原来当时误打误撞分析的正是三个最核心的职业诉求：兴趣、能力、价值。

可以尝试从兴趣、能力、价值这三个维度综合评估，选出适合自己的方向，步骤如下：

1. 列出兴趣、能力、价值清单

・兴趣维度：写下感兴趣的事、发自内心想要做的工作、想要尝试的事。

列出兴趣清单可以帮我们反向排除那些不喜欢的工作，这样未来从事工作时比较有热情。

・能力维度：写出自己比较突出的能力、擅长的技能点。

这部分梳理会让我们对自己的能力、优势有进一步的认知，便于后续评估个人能力与岗位要求的匹配程度。

・价值维度：分别写出意向工作的岗位要求，以及自己最期待从这份工作中获得的价值。

选择是双向的，一方面是公司在筛选合适的候选人，另一方面我们也在选择符合个人预期的公司。所以在价值维度方面，我们既要确认能否为公司提供其所需要的价值，即意向工作的岗位要求，我是否匹配。同时，也要认真思考：对于未来的工作，我最看重的是哪方面？是薪资水平、发展空间、还是人际关系？这份工作能否满足我的价值需求？

2. 根据现状，评估优先级，做出选择

完美的工作，当然既满足我们的兴趣、能力，同时又能提供我们需要的价值。但事实上，这样完美匹配的工作非常稀缺，因此我们需要根据当下所处的阶段，来权衡这三个维度的优先级，以便做出契合当下时机的选择。

譬如，对于当时刚毕业且待业的我而言，生存是第一位的，所以我所选择的工作三维度的排序是：价值第一，能力第二，兴趣最后。

职业生涯是动态发展的，我们的需求也会随之变化。当职业稳定发展了两年，生存也不再是问题时，我开启了兴趣和能力维度的全新探索。不仅在工作之余考取了项目管理证书,还完成了职业生涯规划师的系统学习和实战。

在这个过程中,随着能力的不断提升,价值维度也得到更好的满足。现在的我,处在兴趣、能力、价值都比较平衡的状态。这样的状态并非一蹴而就,而是在持续的探索和实践中积累起来的。

二、选择之后,全力以赴

选择固然重要,但走好选择之后的路同样重要。

没有绝对正确的选择,是我们的行动使其成了正确的选择。所以一旦做出选择,请全力以赴吧!

在那段待业期,我投出去的几十封简历,都是逐一根据企业招聘要求、品牌特色,量身定制的。无论公司大小,我都抱着120%认真的心态,了解公司的发展背景、企业文化等关键信息。为了拿到意向公司的offer,我在完全不会使用Photoshop软件设计的情况下,立刻寻求专业人士的支持,快速学习基础操作,最终拿到了工作机会。

古语有云:求其上者得其中,求其中者得其下,求其下者无所得。意思是说,做事情要有高标准,才能得到好的结果。如果你一开始就定了低标准,最后的结果只能更低。

这句话用在行动上同样适用,如果只是抱着试一试的态度,没有强烈想要实现的愿望,势必会在行动上大打折扣。最后的结果很可能是:敷衍的尝试,拿到了敷衍的结果。

所以,面对任何想要争取的机会、想要实现的目标,怀抱想要实现的心,全力以赴吧!珍惜每一次机会,用心做好准备,这份真诚的心意会传递出去,为自己带来更多的机会和好运。

三、学会与情绪对话，减少人生阻力

面临选择时，以及在行动的过程中，有时候我们并不能做到冷静从容。外部评价、攀比心理、贪多求快等，随时都可能会干扰我们。

这些干扰因素一旦触发，通常都会让我们产生情绪波动，继而引发盲目决策、中途放弃等负面反应。

所以想在人生路上轻松前行，要注意非常关键的一点：学会与情绪对话，减少人生阻力，这样才能更稳当地前行。

毕业即失业的我，面对没有收入却不得不花钱的情况，内心不免焦虑。但我运用情绪对话四步法，轻松化解了焦虑。那究竟该如何运用情绪对话四步法呢？我以自己的经历来给大家做个示范。

1.情绪觉察：我现在的感受是什么？有什么样的情绪？（注意：第一步非常关键，这是接纳自己情绪的过程）

我现在感觉心口有点紧，感觉不舒服，焦虑，不知道怎么办。

2.事实分析：是什么事实导致了这样的情绪？（客观分析引发情绪的关键事实，以便对症下药）

因为待业，我已经有一段时间没有收入了，但日常开支还要继续，而且很可能这种情况还要持续一段时间，这让我很焦虑。

3.需求挖掘：面对这样的情况，我想要的是什么？（挖掘情绪背后隐藏的自我需求）

一方面，我特别希望尽快把工作定下来，这样我就有了收入来维持生活。另一方面，有可能我还要待业一段时间，所以我希望通过兼职赚到钱，以保障过渡期的正常生活，让自己有稳定的心态面对求职。

4.行动转化：为了实现我想要的，接下来我要做什么？（为自己的需求挺身而出，付诸行动）

思考自己有哪些能赚钱的技能点，并上网搜集目前有哪些比较适合我的兼职，选择其一开始尝试。

后来的故事是，我凭借俄语技能，拿到了陪同翻译的兼职机会，赚到了近一万元外快，顺利渡过了待业期。

其实，情绪并没有好坏之分，它是身体向我们传递信号的手段。我们要及时觉察，适时行动，来满足自己的需求，让情况往有利的方向发展。

人都喜欢确定性的东西，因为确定性会带来安全感。而选择不确定、不可逆，很多时候让人感觉不安全。尽管迷茫带来的感受并不好，但我依然十分感谢迷茫，它让我不断向内看，持续思考自己想要从事什么样的工作、过什么样的生活，并开始扎实地做积累。

如果你也能掌握主动权、理性做选择，并为自己的人生100%负责、为自己的选择持续努力，相信终有一天，你也可以实现做自己热爱的事、实现经济独立和自由的富足状态。

> **立夏** 微博博主@梦想生活家立夏
>
> 毕业于苏州大学俄英双语专业。曾担任互联网公司企业文化经理，后转型成为一名幸福人生教练。1对1支持200多位付费客户实现职业突破、关系改善、财富增长，累计个案时长500多个小时。一起做自己人生的设计师，活出幸福富足的生命状态！

学会适当冒险，为经历增添一抹色彩

常常会听到有人对工作的抱怨。其实世上的工作，哪一样做起来都不容易，要么和领导同事相处让人头疼，要么工资待遇很一般，要么加班是常态，没有闲暇时间……世界上有没有完美的工作呢？

一、一年只工作6个月的故事

这让我想起10年前认识的小A，小A的生活不只有工作，还有帆船、滑雪、骑行……生活这么精彩，一年中竟然可以花一半的时间在玩。这可能就是大家眼中的完美工作。

小A是上海人，大学毕业后当了设计师，在上海一家设计公司上班，对接的都是外国客户。他设计过西藏的人文旅游方案，也设计过欧洲旅游线路。原本不懂旅游的他，因为设计工作看了不少旅游景点照片，又时常和外国客户对目的地进行讨论沟通，于是他开始把每年的假期用于世界各地的旅游中。

他是"70后"，那时候做设计收入不菲，他逐渐离开公司，自己直接对接项目和客户。每年只工作6个月，另外6个月就在全世界旅游。他自己一个人背着包走遍了整个欧洲，开着越野车跑了一遍青藏线。陆地玩得差不多了，就把目光放在了大海上。小A开始玩海上的运动，潜水、冲浪还有帆船。我跟着他去参加过一些帆船比赛。原来工作可以是朝九晚五的规律日常，也可以是全世界旅游的精彩丰富。

小A的经历，让我意识到，我们都可以按自己的意愿生活，但需要有冒险的精神，因为最接近自己理想的工作都需要自己创造。

二、适当冒险，每段经历都是一抹色彩

我大学毕业的时候并不知道自己想要什么样的生活。我的父母和大部分父母一样，希望孩子有一个体面的工作，过上简单而又踏实的生活。

上班的时候，我就是一个普普通通的打工人，朝九晚五，每天挤地铁上下班。公司有很多部门，部门与部门之间有相应的组织框架。我从基层员工做起，每年凭借自己的绩效涨薪或升职。这可能是大部分父母所希望的孩子们的生活方式，平稳又有保障。

公司越做越大，要搬去更大的写字楼。但我却从北京跳槽到了上海，去了一家旅游互联网公司。一方面受小A的影响，另一方面，跳槽可以涨薪，我已经在北京待了一年，也想看看上海的工作环境。

上海的这家公司开发了一款用手机写游记的应用软件，这款应用软件上聚集了很多爱旅游的人。入职后我负责以公司的名义出一本旅游攻略书，一方面可以拉近和用户的关系，另一方面可以借机宣传公司的应用软件。借由出书的机会，我开始和不少旅游大咖聊他们的生活。他们的经历很精彩，除了工作外，还有不同于普通人生活的另一面。

他们有的爱骑行，沿着边境线一路骑下去。有的爱航海，在海上一漂就是几个月。有的爱跳伞，在全世界跳伞，从高空俯瞰这个世界。他们每个人都是自己的主人，这样的经历真可谓不枉此生。

出版发行了公司的旅游书后，我也下决心辞职了。其实当时并没有想好要做什么，但是我知道自己不想做什么。我不想过父母希望我过的安稳的生活。我不想把阳光明媚的时间浪费在办公室的格子间、电脑前。我不想每天只有工作、只有赚钱，我想要真正地活着。

离职后的生活，也不是一帆风顺的。一方面，没有收入，就需要想办法寻找自由职业类的工作；另一方面，因为属于自己的时间突然变多了，我开始研究我所感兴趣的领域，一边赚零花钱一边学习。

就这么过了几年，我去美国纽约生活了半年，也去过日本的内观中心做义工，后面长期在东南亚旅居生活。每一段经历都是一抹色彩，充满了回忆。而我也不再是那个对生活一无所知的小女生了。

三、坚持自己的热爱，美好不期而遇

2020年1月上旬我去了日本冲绳，春节的时候和家人一起在缅甸过年。那时候疫情的消息铺天盖地。过年期间，国家取消了所有旅行团的出境游计划。因为这几年我一直生活在海外，所以看到这则新闻后，我选择一个人去泰国。于是2020年1月底，我从缅甸仰光入境泰国，旅游生活至今。

2020年全球旅游业进入冰河期，泰国也一下子没了游客。我借着这个机会把泰国转了一遍，看遍了泰国的山川河流。同时也开始做起了日更的泰国旅游生活视频，连续拍了200多天。

在泰国玩了10个月，我选择定居在清迈，开一间咖啡馆。这是泰国北部的一个城市，虽是泰国第二大城市，但生活节奏却很缓慢，富有魅力，这也是邓丽君和张国荣生前最爱的城市。

虽然我的泰语说得磕磕绊绊，却也交到了不少泰国朋友，甚至还一起做起了生意。和泰国人确定合作，他们说，"我们要确定做事情是开心的"能聚在一起是天意，反复强调要"happy"。不知道泰国人是不是都这样，做事情关注更多的不是赚钱，而是要开心、要快乐、我们在一起很有缘。可能泰国佛教深入骨髓，大家都"佛系"了。

这是一个位于清迈Sansai区，离古城只有15分钟车程，占地面积有14400平方米的蕨类植物生活空间。这里只有9间兰纳风格的小木屋。客人可以在绿色的蕨类植物空间里吃泰式早餐，在瀑布下吃蛋糕、喝下午茶，还能在游泳池边做泰式按摩。这里实在太大了，我天天待在这里看蕨类植物，照顾咖啡馆的生意，平时只有买菜的时候才会出门。

我们给咖啡馆取名Fern Paradise，翻译成中文是蕨类天堂。蕨类植物是一种古老的植物。与我合作的泰国人是泰国著名的蕨类专家，他种蕨类植物已有20年了。他同时也是一位建筑师，做了46年建筑设计工作，在泰国、缅甸有很多奢华酒店都是他设计的。很多客人都喜欢他打造的蕨类天堂生活空间。

如果不是因为疫情，我从来没有想过我会在泰国逗留这么久，我也没

有想过我会在这里照顾植物,做起咖啡馆的老板。

在四平八稳的生活之外,还有另一种生活的可能性。只要一点点冒险,就可以为经历多添一抹色彩。其实我们所要的并不多,这个世界上真正让人幸福的,都是简单又平凡的,干净的空气、大自然、平静的心。

> **美懿　微博博主@美懿快乐**
>
> 2021年在泰国环球旅行者,现在旅居泰国清迈,在一个占地面积14400平方米的蕨类植物天堂开一家咖啡馆。旅居过英国、美国等国。从2020年8月开始日更视频,讲解蕨类植物。

第五章

有想法，不如会行动

从想到到做到，你需要持续行动，遇见高效的自己，坚持与自律，提升认知能力，践行长期主义，提高管理意识……你想要的行动答案，这里都有。

摆脱阅读困境，遇见高效的自己

我从小由于各种原因，四处转学。从小学到高中这 12 年间，我一共转了 8 次学，在 5 个不同城市的学校读过书。每次转学，我都需要融入一个全新的集体，这对我而言，既是新鲜的挑战，又是疲倦的重复。

而每次刚进入新集体，我总会经历一段没有玩伴的"孤独"时光，陪我度过这些时光的，是一本又一本的书。也正是在这个时候，我养成了读书的习惯。到现在为止，我已经读了 300 多本书，并且这几年始终保持着每年 30 多本书的阅读量。

可就是在读书这件事情上，我也曾遇到过一些困境。

一、遭遇困境，身心俱疲

我大四在北京实习时，从事一份早八晚五有双休的工作，工作压力不大，同时工资也较为可观。这足够让刚来北京发展的我，感受到生活的美好。

而大四，又是一段极易让人充满幻想，并能够充分激发人旺盛求知欲的时期。毕竟这一年过后，我将不再以一名学生的身份在这个社会上立足。

也就在这段时期，我的内心突然对这个世界的陌生事物，充满了无限好奇。作为一个喜欢读书的人，满足自己好奇心最直接的方式，莫过于阅读各个领域、不同类型的书。于是，我就在网上买了很多书堆在租住的房间里，准备一本接一本地把它们"啃"完。

在那段读书的过程中，我发现读的书越多，时间越长，自己整个人的状态就越不对劲。

首先，是自己的情绪变得越来越焦虑。每天一回房间，面对一地的经典著作感到头疼。说实话，有些书读起来既好玩又有趣，可有些书一翻开，确实就是左看右看看不进去。而当时的我，只知道不断地质问自己："怎么回事？怎么有些书就是看不下去呢？这满房间的书，要到何年何月才能看完？"伴随着这样的自我拷问，房间里堆着的那些书已然成了我的负担，使我内心疲惫。

其次，是我越读越迷茫。对于当时的我来说，驱使我想要大量读书的动力来源，是自己对这个世界和周围陌生事物的好奇。可世界太大，我太小，陌生的事物太多，我知道的东西太少，我该如何读书，才能真正满足自己的无尽好奇呢？我矛盾，我迷茫。

最后，我的精神状态也越来越差。为了尽快完成自己设定的目标，读完房间中堆着的那些书，同时，也希望借着一本接着一本的阅读，使自己尽快摆脱迷茫。除了日常上班，我抓紧每个周末、每天上班前、下班后的每一点休息时间和机会去读书。这使我的大脑始终处于高度紧绷的状态，同时还因为阅读抢占了休息时间，我那一段时间缺乏充分的休息，导致精神状态越来越差。

此时，因为阅读，我已经身心俱疲。

二、思考困境，调整心态

在自觉身处阅读困境后的某个下午，我独自一人去咖啡馆，点了一杯卡布奇诺，拿着手机打开备忘录，我对产生这些困境的原因进行了一次认真的梳理和思考。

我发现自己之所以会陷入阅读困境，最主要的原因有两个：一是自己的阅读目标不明确，想要学的太多，但没有一个具体的方向；二是自己心中的空想太多，没能客观地考虑一些实际问题。

其实对于每个喜欢阅读的人来说，都面临着四个无法回避的问题：书的数量无限大，书的种类无限多，自身的时间有限，自身的精力有限。

换言之，书是读不完的。我们不能不自量力，试图去了解自己想知道的一切陌生事物，毕竟我们的时间和精力是有限的。

在认清了这些阅读困境的本质后,我赶紧调整了自己的心态,并尝试通过一些方法使自己尽快从困境中跳脱出来。

三、摆脱困境,遇见高效

从咖啡馆回到租住的房间后,面对满地堆着的书,我尽量调整自己烦躁疲惫的心态,耐着性子将它们按照文学、历史、哲学、经济、个人成长等不同类别分类。

然后再安静下来,放空自己的心,认真问自己当下最想了解的是哪方面的内容。确定之后,就只挑出对应类别的书来阅读,其余类别的书则暂时放置一边。

还记得当时我最先挑的是历史类的书。之后,我又从对应类别的书中,挑出自己当下最感兴趣,或者读起来门槛相对较低的几本,开始阅读。当时我最想了解的是中国近代的相关历史,于是就选择了两本相关的书。一本是张鸣《重说中国近代史》,这是历史教授张鸣写的通俗读物,阅读门槛低,可读性强,读起来轻松有趣;而另一本,我选择了蒋廷黻先生的《中国近代史》,它是关于中国近代史的经典之作,想了解中国近代史,怎能不看?

在确定了阅读书目的类别和具体书目后,剩下的则是管理好自己的时间和精力。我用的方法也很简单。

首先,我给自己设定了一个固定的阅读时间段。当然,这个时间段要尽可能不被其他事情干扰,否则便没有太大意义了。当时我给自己设定的时间段是每天的21:00~22:00,因为通常这时我已经回到房间,并且休息了一会儿。

当我不停地给自己暗示,告诉自己每天有这么一个固定的时间段用来阅读之后,也就不会在白天工作和休息的时候,老想着挤时间阅读。

其次,是要利用好自己的零碎时间。平时可以特意挑选一些轻松好读的杂文类,或者短篇小说类的书籍随身携带,空闲之余读上一两篇,轻松自在，恰能好好享受阅读的乐趣。

最后，也是十分重要的一点，读书的时候千万不要一心多用。因为阅读书本身是一件十分消耗精力的事，毕竟你要将书中的内容输入你的大脑。所以在阅读时，尽量做到心无旁骛，这样既可以充分享受阅读的快乐，又能高效地体会获取知识的快感。何乐而不为？

通过这些方法，我快速地从阅读的困境中跳脱了出来，并重新享受到阅读的乐趣。同时，阅读也更具有目的性，更为高效，真正让阅读成了我日常生活中的一部分。

如果你和我一样，也曾遭遇过这样的阅读困境，或者你读书缺少目的性，效率低下，那么我建议你赶紧试试我的上述方法。相信只要坚持下去，你的阅读定能更具方向性，更为高效，你也能更为迅速地通过阅读遇见一个全新的自己。

> **钱坤**　微博读物博主@坤少爱读书
>
> 微博认证招募潜力创作者。至今读过近300本书，每年仍保持着30多本书的阅读量。对个人成长领域有着较为深入的理解。拥有大量原创博文，微博输出内容达十余万字。

坚持与自律，让我拥有更多的选择

毕业那年，我来到了位于草原的风厂。

"天苍苍，野茫茫，风吹草低见牛羊……"是我对草原的全部印象。坐在北上的火车上，看着一路上平原、山区、城市、农村的不断变化，我心里不断地做着各种设想。

风厂的生活很艰辛，在这里，我体会了我人生前二十年从未体会过的东西，包括生活的简陋和环境的艰苦。

我也很感谢这些工作经历，让我这样一个从小生长在城市的女孩，有这样的机会来参与和见证这样一个艰辛的创业过程。有时候吃苦也是一种福气，因为这样的经历让我在今后的困难面前更加坚持、更加笃定。

一、选定的目标，"跪"着也要走完

那个时候，我在风力发电厂工作。风力发电厂里的工作是随时都在展开的，只要没有离开现场，哪里有需要，我们就要出现在哪里。我作为一个城市女孩，第一次听主任讲电力工作中的"安全教育"，心惊胆战，同时也对电力工人心生敬畏。

风力发电厂的夜晚很冷，那个时候正值项目投产，一切都在紧锣密鼓地进行中。三班倒的工作状态，让我每天精神疲惫。我想离开这里。可是，我又能去哪呢？这个问题，萦绕在心头很久。无数个夜晚，我都坐在窗台前，望着远处层层叠叠的山。无数次夜晚醒来，抱头痛哭，我需要改变，也必须改变。

上大学的时候，虽然学的是人力资源管理，但是有一门基础课是会计基础，当时我对会计完全没有兴趣，分不清的借贷关系、看不懂的统计报表，连最后的考试都不知道是怎么通过的。那个时候，我发誓，我绝对不要再学会计。可是命运就是给我开了一个玩笑，五年后的一天，一个机缘

巧合，我开始了和会计的不解之缘。

后来我选择了跨专业考会计专业研究生，备考的细节已经记不太清，但是我记得刚开始的时候，经常因为看不懂而睡过去，然后强迫自己醒来继续。每天下夜班的白天，不再赶去睡觉，而是赶紧抓紧时间再复习一会儿。

"一战"失败了，仅4分之差。但是我不甘心，没有过多的休整，我又开始重新上路。工作、备考，风场里的生活两点一线，一个月中偶尔去一趟超市已是极大的娱乐，更多的是日复一日的坚持。

在情绪崩溃的那个晚上，我听着胡夏的《爱都是对的》，很陶醉、很感动。在那一瞬间我只活在自己的小世界里，没有烦恼，没有困惑，也没有压力，很久没有这种感觉了。就这样，在反复的崩溃和自愈中，我坚持到了考前，"二战"后我成了一名会计专业的研究生。

二、只要你想做，一切都会为你让路

注会的备考过程很难。那个时候，我不仅是一名在职员工，还在一家创业公司担任财务负责人，同时还是一个新手妈妈。多重身份，让我一度非常焦虑。孩子醒着的时候要陪伴，孩子睡着后是珍贵的自由时光。每天睡觉的时候我都有一种很舍不得的感觉，好像再起床的时候，时间又不属于我了。

每天晚上，我哄孩子睡后会爬起来继续看会儿书。可是孩子睡着后的时光实在太难得了，我终于有了自由的时间，我真的很想自由地呼吸，自由地刷一会儿手机，或者想想接下来的计划，思考一下需要处理的问题。通常这个过程结束大概就到十一点了，再开始学习，效率也不高，可能还没有进入学习状态就开始犯迷糊，精力不集中了。这让我心里有很深的负罪感，觉得当天的计划没有完成。

那段时间因为晚睡早起，加上频繁起夜喂奶，身体大不如前，在每年的例行体检中居然查出高血压、脂肪肝和甲状腺的问题。我开始意识到问题的严重性。我觉得我需要改变,需要把自己这种和孩子对抗、和自己对抗的拧巴状态转变成顺应的状态。我想找到能够让我成长的时间和养分,我要改变。

真正开始行动,四点起床还是很困难的。那时正值隆冬,北方的冬天太冷了,尤其是清晨,我想没有人不贪恋被窝里那一点点的温暖。但是,只要闹钟响起,我一定会坐起来。我告诉自己,不要想太多,坐起来,让行为代替你的思维,先行动起来再说。

那年,我备考《公司战略与风险管理》科目,大家都说这一科目是最简单的,可是我唯独在这一科目的复习上屡屡受挫。在最后冲刺阶段我发现了一个很重要的问题,我能看明白,我也懂,可是我不会写。这个问题太严重了,这就好比我是一个拿着枪的战士,可是到了战场上子弹打不出来。如果不会写,就意味着得不到相应的分数。所以关键还是要精准掌握基本的核心考点。

因为刚刚经历生育期,我的记忆力明显下降,基本上前一秒看过的东西后一秒就忘记了,这样的记忆力对于备考来说真是太难了。

其实我每天都会看相关知识点,背一背。可是一段时间以后发现自己明明感觉背过了,真的到复述的时候脑子却又一团糨糊。那个时候离考试已经不到一个月了,我觉得如果不采取行动的话,我还会重蹈覆辙。于是我开始把相关的重要知识点总结出来,大约有一百四五十个,列成表格,每天默写。开始的时候因为不熟悉,默写一遍需要八九个小时,就这样一遍遍、一点点攻克,到考试的时候基本默写了三十多遍。

就这样坚持到了考前,走出考场的那一刻,我知道,自己稳过了。

从此,我成了注册会计师协会的非执业会员。

三、自律让我不留遗憾

大学的时候,我特别喜欢英语。每天五点半都会准时出现在操场的小树林里早读,风雨无阻、雷打不动,坚持了4年,也因此成为小操场的"红人"。毕业那会儿，我特别希望能成为一名英语老师，结果阴错阳差地进入了风电行业。

因为远赴他乡工作，这个愿望一直没有机会实现。而梦想就是用来追逐的，即使可能不会走这条路，但努力了才会不留遗憾。

终于，在我生完孩子后的一个月等到了这个机会。

那个时候，因为伤口感染严重，医生说，别人需要半个月恢复，我需要一个月才能恢复。我每天忍着伤口的疼痛，品尝着初为人母的辛酸与喜悦。那段时间，当一名英语老师的愿望就像种子一样，一点点在心里发芽。别人生孩子休产假，而我想到的是，终于有了四五个月的"追梦"机会，我想实现一直藏在心里的愿望。

就这样，我开始暗暗努力。在生娃一个月后，非英语专业出身，也没从事过这方面工作的我，打败了很多科班出身的学生，进入当地有名的英语培训机构，我成了一名英语教师，成了孩子们英语启蒙的陪伴者。我非常感谢自己那些年的坚持和不放弃。

去了英语培训机构以后，我每天都在快速地汲取养分，收获了非常多的成长。从那以后，那个愿望不再是遗憾，而且带给我很多满足感。

这个过程，让我体会到这些年自律带给了我更多选择。因为这段经历，我对教育有了更深的理解和感悟，在陪伴孩子中得到了更多的灵感和启发。

如今30岁的我，觉得时光正好，不再有那种仓皇和紧迫感，心里有了更多的笃定。这些就是自律给自己构建的安全感，它不依赖于任何人、任何平台或组织，而是在自己身上生长出来的枝丫，让我拥有了更多的可能性和更多选择的权利。

谢谢自己，这些年的坚持和自律，让自己的梦想照进了现实。让我离自己的初心更近，离理想的生活更近。谨以此文，纪念这十年如一日的坚持，愿未来可期。

陈斯琦　微博博主@大琦琦小乐乐

曾经的电力人、培训人，现在的财务人、注册会计师。在经历多次跌宕起伏后，实现了人生的转行。坚持1000天，每天四点起床读书、学习、思考。5年时间，从荒无人烟的坝上走到城市，从迷茫不知所措到自信笃定，找到自己的天赋和热爱的事业。

提升认知能力，打破所有规则

我想用自己的经历跟大家分享，一个创业小白如何提升认知能力，让自己越来越优秀，并不断对认知进行探索。

在 20 岁之前，我是一个不爱学习的人，根本不知道自己的认知能力有多大的提升空间，对未来的规划也是迷茫的。20 岁之后，自己的创业经历和走过的不少弯路，让我开始有意识地提升自己的认知能力。现在的我，思路和方向越来越清晰，这一切都得益于我不断地提升自己的认知能力，不断地去学习和总结自己的经验。

一、提升自我认知能力的重要性

我的前 20 年都是在吃喝玩乐中度过的，因为家人的关爱和包容，我从来都不担心自己的财务状况。

那为什么我现在要来说，提升自我的认知能力很重要呢？因为过了 20 岁，我误打误撞接手了一个我从未了解过的项目。其实是我家人想锻炼我的独立能力，让我自己去管理一家公司。对于没有经验管理概念的我来说，其实是有些压力的。但那个时候我胆子比较大，便毫不犹豫地把这个项目接了下来。

俗话说新官上任三把火。我的第一把火就是对管理者下手，整顿管理层人员。那时其实我也不了解行情，只能根据平时在家人身边学到的一些知识来判断事物的发展。也算运气比较好，误打误撞把管理人员整顿了一下，竟然也没出什么差池。

初入社会，不知道社会上的人情世故，更不懂生意场合的为人处事。在创业前期免不了要被行业的各位前辈指教、教导。可是那时我就是一个性格比较要强的人，把家里人对我的宠爱和包容带入了工作中，事事都要和别人争个输赢。

现在回想起来，创业初期的我，太任性了。当时的我还没有意识到，需要提升自己的认知能力。

其实那个时候我的家人已经提醒过我，要用专业态度去解决问题，而当时的我却只在自己的认知里徘徊。现在回想起来，如果当时我再提升一下自己的认知能力，或许我会收获更多的惊喜和成长。

二、创业初期如何突破自我，打破所有规则

1. 创业初期意识到突破自我很重要

作为一个创业者，在创业路上肯定会走一些弯路。我也通过这几年的创业经历，真实地感受了其中的成功和挫折的滋味。从一个创业小白慢慢变成创业历险人，这中间的成长过程花费了我5年的时间。

从一个害怕和别人沟通交流的创业小白，到现在不断打破规矩的成熟创业人，这一路成长和感悟颇多，也算是一场成长的历险记。

初期创业的我对任何事情都怀着一颗好奇心，一颗对未知的探索心。但是看着眼前那一堆看不懂的数据和账单，我内心就有一种赶紧逃离这个战场的冲动。

当时的我内心十分抵触所处的环境，如何突破自己，是创业以来我遇到的最大问题。因为我不仅要认真面对解决当时所遇到的问题，还要不断探索自己以前不了解的领域。

不擅长和陌生人交流沟通，导致我在创业前期缺乏主观的决策力，主要听从别人的建议。没法突破自己的交流能力，让我在创业的道路上，犯了不少错误。让我意识到需要不断提升自己的认知能力。在后来的创业路上，我不断地突破自我，不断地努力成长。慢慢我发现，只要你有过一次突破自我的经历，接下来你会发现突破自我的其他方面也不是难事。

无论是创业还是在职场，沟通交流都很关键。在我们还是小白的时候，应该虚心请教前辈，不要害怕被拒绝。我们都会遇到瓶颈期，这个时候就

需要根据环境来突破自己以前的一些观念,只要能让自己成长,我觉得都可以尝试着改变。而成长和经验是创业和职场必需的。

2. 和高势能的人一起成长,打破所有规则

我们每个人都有自己的人脉关系网,大家有想过为什么人们都在混自己想要的圈子吗?其实圈子和圈子是有区分的,大家能聚在一起那肯定都是有相同势能的人。

"不同势能的人能聚到一起吗?"

这是一个小概率事件。低势能的人和高势能的人真正聚到一起,很可能是低势能的人很有潜力,运气也不错,遇到了一个可以帮助他成长的人。

这里我想要说一点,你想要拥有更多的人脉,打破所有的规则,那么你就要努力提升自己的认知,让自己变成高势能的人,学会先利他再利己,如果有太强的目的性,只看重利益,没有人会愿意和你打交道。

"如何寻找适合我们的人脉?"

这就是我们要去思考的问题。你想要寻找人脉,首先要思考的是,你能为他们创造什么价值。先考虑为他人提供价值,再考虑自己的收获。

人脉是源源不断的,要想让自己的人脉呈现不断增长的趋势,那一定要做一个靠谱的人、高势能的人,多为他人创造价值,多成就他人。多结交高势能的人,酒肉朋友可以少交,尽量拒绝无效社交。因为无效社交多了,其实是在消耗自己的精力。在社交的时候多思考一下是不是有效社交。

"如何打破所有规矩?"

当你还处于低势能的时候,你的选择权和决策权很有限,基本上大家都会把所有的关注重点放在高势能的人身上。无论是创业还是在职场里,大家都喜欢有能力的人。我们要想变成众人眼中的焦点,就只能不断地提升自己,努力找到自己的势能和方向。这时你不仅可以打破规则,还可以让大家和你一起成长进步。

创业这几年,我不断地打破一些规则,也不断地成长。当遇到一些规

则时，我们应该好好遵守还是打破呢？我们就要来思考一下这些规则是否适合我们成长。如果适合，我们可以去遵守或者和这些规则磨合，最后让自己成长。如果不适合我们成长，那我们在有能力的情况下就要去打破规则，提高自己的势能。

提升自我认知不是一蹴而就的事情，这是一个持续的成长过程。当你感觉自己到了瓶颈期时，就应该思考是否需要提升自己的能力了。

提升自我认知不是让自己盲目地去学习和跟风，而是应该找到自己适合的方向去学习和提升。多思考，多反思，多去总结每个阶段的成长，也是提升自我认知的一种方式。学会突破自己，提升认知能力，打破规则。

无论在什么时候都不要忘了多去结识同频的人。多和优秀的人一起成长进步，你会发现你自己也会越来越优秀。

20多岁是一段精彩又充实的岁月，在我们20多岁的时候，就应该做值得我们做的事情。在大好的青春年华，不努力提升自己的认知能力，那就太浪费我们的人生了。人生要靠我们自己去书写，要想让自己的人生精彩又惊喜，就不要害怕前路的曲折和困难，努力打破规则，让自己的人生更加灿烂。

硬核羊哥　　微博原创视频博主@硬核羊哥

5年创业者，擅长创作短视频，玩转自媒体。个人成长定位：写作长期主义者。博文阅读量突破2.4亿次，创作的视频播放量达171.4万次。希望自己的创作能带来更多的惊喜，也希望和同频的人互相学习、成长。

在职场上践行长期主义，时间将为你绽放最美的花

新年伊始，曾经的华裔老上司M君决定回国定居，我们一帮多年不见的老同事为他饯行，又有机会欢聚一堂。

M君30多年前开始来中国发展，如今已年过六旬。然而他这次回国并非退休，而是到家乡的一家公司做高级顾问，继续自己的职业生涯，同时还将进修研究生课程。曾经M君带领我们打拼市场时就是团队的灵魂，如今他长远可持续的职业发展道路更让我们钦佩。

我们这群曾经并肩作战的老同事，如今在各地从事不同的工作。凭借曾共同在大公司打下的扎实基础，大部分人的发展都比较稳定，相比之下，小A和小B是变化最大的两个。

小A名校毕业，天资聪明，家庭背景优越。她以管理培训生的身份加入我们公司不久，就因为工作表现优异脱颖而出，当时给大家留下了深刻印象。离开我们公司之后她换了几份不同的工作，两年前又激情澎湃地投入轰轰烈烈的创业大军之中，然而不幸铩羽而归，目前处于整装待发状态。

小B几乎是我们所有人认识的第一个同事，她当时担任HR助理，负责新员工招聘和入职相关的工作。在公司6年，小B从HR助理做到HR主管，3年前小B离开我们公司，目前已是某互联网"新贵"的HR总监。

对于未来的发展方向，小A有点迷茫，大家纷纷给她一些建议。M君做了一个总结，他认为，小A前几年的工作经历虽然波折，但同时也是一笔人生财富。小A在职业生涯早期已用较低的试错成本尝试了多种不同的工作，而现在最重要的是从中找出自己真正喜欢和擅长的领域，之后要专注和深耕该领域，做一个长期主义者。5年、10年、20年后我们再看，相信小A会有一个美好的未来。

那么，在职场上践行长期主义，我们应该如何做？时间又能给我们带来什么？M君用他近40年的职业生涯经历，小B也用她成功蜕变的实践给了我们以下启示。

一、认识到复利效应在个人职业成长中的威力

M君大学毕业后第一份工作是进入一家金融机构担任销售代表,这段经历不但奠定了他成为一名实战派营销专家的基础,而且让他早早认识到复利人生的威力。

销售代表的工作就是每天拓展准客户并达成销售目标。按照公司的标准,每人每天至少要拜访3个准客户。对销售人员来说,被客户拒绝几乎是一种常态,更不用说像他们这样竞争激烈的行业。所以对很多新人来说,不要说3个准客户,有时一天连一个有效的客户都见不到。而年轻气盛的M君硬是给自己定了一个更高的目标:每天见10个准客户。

然而即便如此努力,刚开始的大半年还是很艰难,经常备受挫折,没有什么业绩。但M君不服输的性格让他坚持了下来,一直到年底他荣获最有潜力新人奖才渐渐有点起色。M君真正在行业站稳脚跟已是3年之后,此时他已接洽过近万名准客户并累积了几百个真正的客户。他的专业知识更丰富了,销售技巧更娴熟了,在持续开拓新客户的同时已经积累的老客户也源源不断给他带来新生意,他初步体会到了长期坚持带来的复利效应。

复利原本是投资理财的一个概念,是指在计算利息时,某一计息周期的利息是由本金加上先前周期所积累利息总额来计算的计息方式,也即通常所说的"利滚利",由此产生的财富增长,被称作"复利效应"。举个例子,假设你大学毕业开始工作时,就把1万元投入一个年平均收益率为12%的投资项目,那么你工作10年后这笔投资连本带利将变成3.1万元,而20年、30年、40年、50年后这个数值依次变成9.6万元、30.0万元、93.1万元和289.0万元。很多人都知道,巴菲特一生中99%的财富,都是他50岁之后获得的。巴菲特有句名言:人生就像滚雪球,关键是要找到足够湿的雪和足够长的坡。巴菲特用滚雪球这个比喻,形象地说明了复利效应通过长期作用可以实现巨大财富的积累。

实际上,复利效应不仅存在于投资理财范畴,它还广泛存在于其他很多领域,如工作技能、优势、经验、个人成长……只要是能积累的东西,

复利效应无不显现出它的威力。马尔科姆·格拉德威尔在《异类》这本研究成功的书中得出一个结论——所谓成功就是"优势积累"的结果。优势积累，是指最开始不起眼的小优势，会在时间的长河中，积淀成别人无法超越的大优势，从而让一个人脱颖而出，成为"异类"。

M君几十年的经历，很好地证明了复利效应在个人职业成长中的威力。正是有了第一份销售代表工作的良好业绩，他才有机会从众多销售人员中脱颖而出，首先实现了从销售人员向销售管理人员的进阶，然后他开始把自己的职业定位为营销管理专家。

之后虽然经历多次工作职能、工作地点甚至行业的变动，但是他一直专注于这个角色并始终保持连续性。他的每一份工作都可以为下一份工作累积优势，他的专业优势随着时间的增加变得越来越大，大到足够支持他30年前从海外到中国发展，60岁后仍然成为职场常青树。

复利效应，是长期主义者的基石。但无论是财富积累，还是个人职业的成功，没有足够长的时间支撑，复利效应都发挥不出威力。因此，在职业发展道路上，每当你感到焦虑时，不妨多看看复利成长曲线，很多时候不是没有进步，不是没有回报，只是积累的时间还不够。

二、坚持长期主义，个人核心竞争力需要不断迭代

需要注意的是，坚持长期主义，并非长期一成不变，相反我们必须不断提升自己的核心竞争力，让自己不断进化。如果我们不去提升和进化，长期主义就成了行动懒惰的借口，职业发展如逆水行舟，不与时俱进就会逐渐失去职业竞争力。

我和小B先后离开公司后各忙各的，很少碰面。有一天刚好看到小B发的朋友圈动态是在海外某名校做交流学习，印象中那个圆圆的脸上总挂着浅笑的HR女孩，如今多了几分干练和成熟。原来她早已开始攻读在职MBA课程，此次游学之旅是课程学习的一部分。

毕业后做了几年的HR工作，小B的专业基本功越来越扎实了，从人力

资源规划、招聘与配置到培训与开发，从绩效管理、薪酬福利管理到劳动关系管理，HR六大模板的工作她都很熟悉。同时她也知道自己职业发展路径要往上走，管理经验的缺乏是最大的短板，所以她一方面主动申请到条件更艰苦的分公司换取担任新项目负责人的机会，另一方面开始攻读在职MBA课程。

当这块短板刚刚补上的时候，新的职业机会很快出现了。她先是离开我们公司到了一家规模略小的公司担任HR经理，之后又转战另一家新兴互联网公司担任HR总监。她刚到互联网公司时，那还是一家成立没多久的初创企业，她看好互联网发展赛道，企业则看重她大公司工作的完整履历，双方需求正好匹配。果然，后来互联网企业发展迅速，上市已在紧锣密鼓地进行中。

短短三年时间，小B凭借自己的努力实现了职位三级跳。我们理一理小B的职业发展时间线，不难发现两个关键点：一个是如果小B没有HR工作经验，没有前面6年的基本功积累，就没有后面3年的厚积薄发；另一个是如果小B没有补齐自己的短板，没有不断提升自己的核心竞争力，就不可能抓住后来的发展机会。

三、在面临两难选择时，永远选择长远利益

成功不会一蹴而就，大多数人也很难一夜成名。在几十年漫长的职业生涯中，就算你认定长远目标，也很难避免受到短期诱惑和外界繁杂噪声的影响。在个人职业成长的道路上，挫折和曲折总是难免的，谁又没有经历过低谷和迷茫呢？是着眼当前还是看长期？是继续坚持还是知难而退？在面临两难选择时，我们应该何去何从？

长期主义者毫不犹豫给出了答案，那就是选择长期利益并坚持下去。正如黑石集团创始人彼得·彼得森在自传《黑石的起点，我的顶点》中总结的那样，"回望过去，我遇到的机会最后都成了二选一的题目——眼前利益还是长远利益，而我的选择都是——长远利益。"

第五章 有想法，不如会行动

当年 M 君被调任为我们渠道负责人时，可谓受命于危难之中。我们的渠道是为新兴业务特别成立的新渠道，按照行业的发展趋势和国外同行早几年的经验，公司判定，我们这个新兴业务必然成为一个新的业务增长点并被寄予厚望。然而真正开始后，业务开展并不顺利。

一年之内先后有两任渠道负责人被换掉，M 君是第三任，这在我们这样以稳健著称的公司是很少见的。虽然新兴业务的发展前景好，但是市场培育往往需要时间，而企业因效益的压力又很难有耐心给新兴业务足够的成长时间，这是一个两难选择。

M 君不是空降兵，而是已在公司其他渠道有良好业绩口碑的老将，这为他展开新的工作做了一些铺垫。在任 5 年，M 君做了大量卓有成效的工作，比如建立了一支战斗力十足的销售团队，强化销售队伍的基本功和执行力，大大提高业绩，做离市场最近的那个人去倾听市场的声音并及时调整策略，等等。

最终，我们这个渠道能做成功，有一个不可或缺的重要因素，那就是 M 君通过业绩说话，并运用他的影响力，为新兴业务争取到了宝贵的发展时间。换句话说，面对短期利益和长期利益的两难选择，他成功地让我们团队和公司都选择了长期利益。

在他任职的 5 年期间，我们整个渠道的人员流失率低于公司平均水平，公司没有减少反而增加了对渠道的投入。事实也证明，这个选择带来了多赢的结局。对 M 君来说，这段成功经历是他职业生涯中浓重的一笔；对团队成员来说，大家有了靓丽的成绩单；对公司来说，对新兴业务的投入最终有了不错的回报。

成功从来都来之不易，虽然现在我们可以风轻云淡地说起这些往事，而实际中间所经历的困难是很多的，对我们很多人来说，动摇和放弃的念头都不止一次出现过。M 君后来回忆起来坦言，他也曾数次受到外界短期利益的邀约，当时有一些公司想挖他跳槽，有的许诺更高的职位和更高的收入，有的给予更轻松的工作职责，但他始终知道自己要的是什么并听从了自己的内心，从而选择了坚守长期利益。

M君经常跟我们分享亚马逊创始人贝索斯的一个观点：如果你做一件事，把眼光放到未来3年，和你同台竞技的人很多，但如果你的眼光能放到未来7年，那么可以和你竞争的人就很少了，因为很少有公司愿意做那么长远的打算。

M君是坚定的长期主义践行者，他的成功经验告诉我们，如果你在职场上践行长期主义，做时间的朋友，时间的玫瑰终将为你绽放最美的花。

> **邓海蓝**　微博博主@环球红酒之旅_Plus
>
> 　　Zeffimore品牌创始人，微博认证头条文章作者。拥有中山大学经济学硕士学位和10余年世界500强企业工作经验。擅长品牌营销和市场管理，2017年开始创立自己的运动品牌，产品跨境销售遍及全球多个国家和地区。

美丽蜕变,刷爆你的"朋友圈"

第一次见桓梓的时候,她穿了一件烟粉色的大衣,戴着一顶同色系的贝雷帽,圆圆的脸上挂着明媚的笑,整个人都是暖暖粉粉的。远远看她走来,就觉得北京这沉闷的冬天也被这姑娘映得多了几分生机。

吃饭的时候,她说今天是她19岁生日,我一本正经地说:"生日快乐!"

她"噗"一下就笑了,笑得很夸张,让我感觉自己好像做错了什么。我说,你笑什么啊?19岁生日不是很重要的日子吗?我应该庄重点的。

她说:"我不是笑这个。你还真当我19岁啊?"

"什么意思?"

我还是没觉得有什么不对……

之所以没有觉得不对劲,大概是因为没看出违和感。紧致的皮肤、匀称的身材、活力满满的笑容,任谁也很难把我眼前的这位姑娘和30多岁联想到一起。

直到桓梓给我看了一张照片,在我的嘴张成大大的"O"形时,脑海里浮现出两个词,没错,是"蜕变",是"涅槃"!

然而蝉蜕壳变、凤凰涅槃,都不是容易的事情。之前的桓梓喜欢吃,是个美食达人,她认为胖不胖没什么关系。可问题是,当你控制不住自己飙升的体重时,你也同样无法控制随之而来的各种疾病和嘲讽。

公司体检的时候,她的体脂率开始不正常,内脏脂肪指数特别高。拿着体检单,面对同事犀利又嫌弃的眼神,桓梓觉得自己身上的脂肪都在嘲笑自己,局促不安。

决定减肥的桓梓办了健身卡、报了舞蹈班,有时候一天只吃一顿早饭,中午饿得头晕眼花,晚上继续运动跳舞,不停不歇。

就这样折腾了半个月,体重没降,精神状态反而大不如从前了,整天萎靡不振,脸色暗沉……

就在桓梓备受打击的时候,她被朋友推荐到了减脂营。

"减肥得吃饭,蔬菜、水果、主食、肉一样都不能少,饮食结构很重要。"

桓梓说,当时她听到线上减肥教练说能吃饭时,简直觉得整个世界都亮了。

也是这时候,她终于明白,减肥不是减体重,而是要减脂肪。体脂率下降了,肌肉含量增加了,身材也就匀称了。

一、寻找榜样自我激励

由于工作原因,桓梓的餐单永远达不到要求,每天都会接到来自教练的否定。

这个不行、那个也不行,那些日子,又高又帅、身材健硕的教练简直变成了她最憎恶的人。

"没想过放弃吗?"我问她。

"怎么没有!"桓梓云淡风轻地笑了笑,"直到我看到教练的一条朋友圈:康复训练,专业凹造型……文字配图是他的假肢和锻炼的照片"。

后来桓梓才知道,他本来是一名出色的运动员,可是天有不测风云,2014年春节的一场车祸,不仅让他没了左腿,断送了职业生涯,还在22个月的病床生活后,让一个肌肉男变成了230斤的虚弱胖子。

而这个230斤的胖子变回又高又瘦的肌肉男,仅仅用了3个月。

桓梓终于明白,教练经常怼她的那句"你不要总给自己找借口"的由来。

是啊,这样一个未被生活善待的人都没给自己找借口,我们又凭什么自暴自弃呢?

二、转变心态迎接自己

心态转变后的桓梓开始认真研究食谱,调节自己的饮食。咖啡促进代谢,牛排补充蛋白。在减脂的过程中,桓梓给自己做了 90 块牛排,还有不同的搭配,制定了合理的膳食结构。

就这样,单靠调整饮食减了 7 斤左右后,她又被闺蜜拉着入了瑜伽的坑。

一节高温瑜伽课下来,汗如雨下,仿佛打通了任督二脉,桓梓就此爱上了瑜伽,无法自拔。

刚开始学习瑜伽时,会有很多做不好的地方:姿势不对,动作不到位,也急过恼过。但渐渐地,桓梓发现,就像老师说的那样,不强求、不放弃,一步步慢慢来,做到极限,尊重身体的感受,才是舒服的状态。

3 个月的时间,桓梓足足瘦了 28 斤。别人再也不把她和任何球状物相提并论,别人异样的目光也渐渐消失。

三、给灵魂最美的"房子"

村上春树曾说过:"肉体是每个人的神殿,不管里面供奉的是什么,都应该好好保持它的强韧、美丽和清洁。"

桓梓说她之前极其鄙视减肥,因为以貌取人是件很低级的事情,灵魂高级才最重要。

可是,既然灵魂这么高级,为什么不给它建一座漂亮的房子呢?

当你在抱着零食看剧时,别人在卖力跑步;当你躺在被窝里蓬头垢面时,别人在健身房做了好几组仰卧起坐;当你一个冬天长出一圈小肚腩,别人已经练出了马甲线……不瘦下来,你永远不知道自己有多美。

虽然人各有志,选择什么样的生活别人无权去干涉。但就如康德所说,假如我们像动物一样,听从欲望、逃避痛苦,我们并不是真的自由,因为我们成了欲望和冲动的奴隶。我们不是在选择,而是在服从。

四、把负担变成乐趣

对桓梓来说,美食工作不再是负担,吃也重新变成了乐趣。

我和她吃饭总能享受到额外的菜品或酒水,有个主厨说她一看就是搞美食的!

跟吃挂上相,食物就变成了一种色彩,再也不是肥胖的负担。她笑嘻嘻、大大咧咧的样子,很快就在吃货圈里收获了"逗爷"的雅号。

有次桓梓和一个素未谋面的餐厅经理谈项目,见面的时候对方直接傻了眼,"不是逗爷吗?怎么是个女的?"

"我头像不就是女的吗?"桓梓很无辜。

"说话那么自信,办事儿那么麻利,名字里还带个'爷',我还真以为是个老爷们用的美女头像呢。"

桓梓笑嘻嘻地说:"其实那时候真想告诉他,我就是这样,不仅能坚强如爷,还能貌美如花!"

凤凰涅槃,才能浴火重生。

自由,不是随心所欲,而是自我主宰。

黄豆豆　微博博主@黄豆豆_Dou

　　曾任上市公司品牌负责人;参与过十个省级博物馆的故事展线设计;担任过一乡一品的产业顾问、国际美食节美食评委。

三个维度高效输入，实现认知提升

在告别大学校园后，人与人之间的差距开始越来越大，甚至开始出现分化。从同一起点走进校园的人，在各自选择的行业里按部就班地工作，三五年后再回望，差距竟然如此之大，曾在同一起点，如今已是天壤之别。

如果说，在我经历的职场人生中，领悟到了核心道理，那就是：人无法赚到认知以外的钱，也无法过上认知以外的生活。

我所读的大学是广东某个名不见经传的大专院校，选择的专业也是平平无奇，不具备任何时代趋势与风口的普通专业。如果按照常规的标准来看，以我这样的条件走进职场，最多能当一个拿着几千元工资的小职员。

但我却在22岁毕业一年后就实现了综合月薪过万元，23岁在一线城市买下房子，25岁成为最高月收入达25万元的知识IP，27岁成为年收入达百万元的创业者。

我之所以能做到这些，是因为我深知，我的认知边界将决定我最终将拥有怎样的人生。

我是如何做到提升自我认知，不断跃上一个个人生新高度的呢？接下来我将悉数与你分享。

一、向厉害的人学习

在现在这个高速发展的时代里，信息流通越来越高效、快速。一部手机一个Wi-Fi，就让我们与各行各业优秀的人有了近距离接触与学习的机会。

在我的成长过程中，我时常会遇到非常多的牛人。在看到这些牛人的时候，最开始我也会因为他们的故事与经历备受鼓舞。

后来我已经不能满足于只被他们点燃情绪，而是不断地思考：我如何向他们学习？我感受到了这些鼓舞人心的情绪之后，我想要的又是什么？

"我希望我的故事也能被传播出去,更希望我的故事能够鼓舞他人,给他人带去积极正向的影响。"

当我看到了心中这个清晰的目标后,再遇到这些牛人时,我不再只是看他们的光环,听他们的成功故事,而是不断研究他们的这些光环是怎么创造出来的,他们成长的方法与心法分别是什么。

于是我总结了一份我向牛人学习时使用的自问清单。

(1)我要向他们学习哪些东西?

(2)他的成长故事对我有哪些启发?我准备如何行动?

(3)在他专注的领域里,他有哪些心得/方法?有哪些我可以立马践行?

这份自问清单如何使用呢?接下来我为大家简单讲解一下。

(1)我要向他们学习哪些东西?

每当我发现一个我很认可的牛人时,我都会看一下他所专精的领域是哪一块,针对他所专精的领域对标我现在专精的领域,或者对标未来3~5年我想要发展的领域,看他有哪些地方是值得我现阶段学习的。

我将我可以向他们学习的东西记录下来,变成自己接下来学习的方向,或者补充到我现在已有的学习体系中。

(2)他的成长故事对我有哪些启发?我准备如何行动?

2016年我在某个社群里结识了M老师,我从他的成长故事里了解到在他没有钱、在他迷茫的时候,他会大量向他身边的牛人付费请教,并且将这些过程与收获写成文章对外分享。

我看到这一点后,立马听话照做。每当我遇到问题时,我都会诚心诚意、积极主动地向身边优秀的朋友及同事请教。如果身边人解决不了我的问题,我也愿意在我力所能及的前提下,付费请专家帮我解决。

从2016年一直到现在,每一年我光是请教别人,给别人发红包、送礼物、请人吃饭,以及付费学习花的钱就至少有5万元。而我每年花出去的这些钱，至少会给我带来3倍以上的回报。

不仅如此，我还节省了大量的时间去做我擅长又乐于投入热情的事情，这给我带来了很多的收益。

（3）在他专注的领域里，他有哪些心得/方法？有哪些我可以立马践行？

上文提到的M老师，他专注的是个人成长领域。在他的文章及成长故事里，多次强调阅读、写作、演讲这三项技能带给他的帮助很大，我也听话照做，从2016年开始专注训练阅读、写作、演讲这三项技能。

2016年至今，每一年我都至少阅读50~120本书，我阅读的这些书籍拓宽了我的眼界，拓宽了我的思维，更重要的是让我在书中遇到了更优秀的自己。

2016年至今，我都坚持刻意训练自己的写作能力。这让我不仅在本职工作上能够多次实现加薪，还让我在副业变现上持续用写作积累自己的影响力，从而实现了每年6位数的价值变现。同时，我也通过每年定期做社群分享，以及将自己所学所知所做的一切做成线上分享会的形式，刻意训练自己即时分享的能力。这种能力的刻意训练，让我成为一位小有影响力的知识IP，拥有了3套线上课程，数千位学员。

向牛人学习的上述自问清单，每一次都让我在分析牛人的成功时，有了更深的维度，更高的高度。向牛人学习，就像站在了巨人肩膀上，能让你在人生成长的道路上，看到更大的世界，更远的远方，以及拥有更深的思考能力和更多维的认知能力。

二、GPS导航高效阅读法

阅读是我们实现提升认知性价比最好的途径之一。在谈到阅读的时候，我相信大部分小伙伴都会有一些误区，这些误区无非有以下几个。

1. 一字一句从头读到尾

每次阅读的时候，都希望自己能够从封面的第1个字读到整本书结束的最后一个字，期待自己能够从头读到尾。其实，每个人的时间、精力都很有限。一字一句读很容易降低阅读效率。

2. 一种阅读方法读任意主题的书籍

用同一种阅读方法阅读所有主题的书籍，这个方法是很低效的，因为不同的主题适合不同的阅读方法。

3. 刻意追求数量

每当到了做新年计划的时候，不少朋友都会习惯在新年计划里加一项"阅读××本书"的计划。如果一味追求数量，对于个人成长而言是没有实质性帮助的。与其读100本书，不如选几本有代表性的多读几遍，会让自己成长得更快。

4. 没有主题阅读

有主题阅读是你在短时间内集中时间、精力突破一个领域、突破一个问题的加速器。如果每一本书都只有零散主题的阅读，就等于是在碎片化输入，而不是系统地输入。

要想利用好阅读这个方式提升自己的认知水平，首先需要做的是纠正在阅读上的这些偏差。用正确的方式进行阅读，才能实现认知提升。

我在利用阅读提升自己的认知水平时，使用的方法是GPS导航高效阅读法。

我在阅读前后，都会通过以下3个问题进行自我思考与梳理。

（1）现阶段我需要读哪些主题的书？

（2）我读这本书的目的是什么？

（3）我可以用在哪方面？

这份自问清单如何使用呢？接下来我为大家简单讲解一遍。

（1）现阶段我需要读哪些主题的书？

做每一件事情，我们都需要先确定目标，哪怕你阅读一本书，仅仅是为了消遣，这也算一个具体的目的。

在阅读之前先思考现阶段你需要阅读的主题书籍，目的是让接下来的阅读能聚焦在你的现状上，不仅要通过阅读提升全方位的认知，还要学会阅读后做到知行合一。

（2）我读这本书的目的是什么？

确定好主题阅读的书籍后，我们会进入具体阅读某一本书的阶段。这时候我们需要做的是更进一步地问自己，读这本书的目的是什么？从而使我们在阅读这本书的时候，能够发挥出这本书的最大价值。就好像你要去旅行，出发前需要先确定一个目的地，你才知道要购买去哪里的机票，要准备哪些行李。

（3）我可以用在哪方面？

在阅读的过程中，如果看到让你深受启发的新方法新观点，不要着急翻过去，而是要让自己适当地停下来，思考一下关于作者提到的这一点，你可以用在哪些方面。

越深入思考，你越能借助作者的思想，开阔你的思考境界。

GPS导航高效阅读法适合应用在阅读工具类的书籍上。工具类的书籍通常都以解决某一类问题或者某一领域的问题为主，用这个阅读方法，就好像你在阅读之前就先确定好你的目的地，在阅读的过程中就能实现聚焦，从而通过阅读解决你的某一个具体的问题，进而提升认知。

三、让课程收益最大化

我们现在所处的时代发展迅猛，以前需要千辛万苦才能获得的教育资源，现在已经变得唾手可得。

每一个对未来有期待有追求的人，都会定期参加课程让自己持续精进，持续提升自我认知。我每年都会在上课这件事情上，投入不少于5万元的花费，除了让自己收获课程内容，我还会让学习课程的收益最大化。

那我们究竟要如何做，才能让课程的收益最大化呢？

首先是要学会制定目标。如果是为了上课而上课，那么上课仅仅只是消费行为；如果上课是为了解决某个具体的问题，为了实现某个具体的目的，那么上课所学所得的一切，就会变成投资资本。

我会从以下几个方面制定上课目标。

（1）从内容上：建立问题清单

上一门课，我需要实现的目的有哪些？我需要解决的问题是什么？

越是清晰地建立自己的问题清单，在上课的时候就会越专注，能够吸收并为自己所用的内容就越多。

（2）从人脉上：我要认识多少个新朋友？

比起课程内容本身，我更在意在课堂上可以结识到哪些优秀的新朋友。与更多优秀的人相互交流，认知才会被刷新得更快。认识的优秀朋友更多，我能借助他们看到的世界更大，我的人生也拥有更多的可能性。

（3）从变现上：我可以用这门课如何赚回学费？

正如上文所说，如果仅仅是为了上课而上课，上课仅仅是消费行为。那么如何将上课转变为投资行为呢？最简单直接的方法就是思考，你上的这门课，如何结合你现有的东西进行变现，为你赚回学费。

学习仅仅是我们实现目标的一个手段，学习并不会让你变美好，行动才会。

同时我们也要深刻地认识到，人无法赚到认知以外的钱，也无法过上认知以外的生活。

猎豹移动董事长兼CEO傅盛，在其作品《认知三部曲》中曾说过"认知，几乎是人和人之间唯一的本质差别。人和人比拼的，是对一件事情的理解和对行业的洞察。执行很重要，但执行的本质是为了实践认知。"

真正指引一个人行动的，不是资源，不是钱，不是关系，是认知。希望我们每个人都能不断打破认知边界，不断提升认知，不断跃上人生的一个个新高度，直到拥有富足而喜悦的人生状态。

夏敏　微博教育博主@夏敏成长笔记

个人成长教练，国际热情测试执导师。23岁在深圳买房，25岁最高月收入达25万元，27岁年收入达百万元。曾为领英中国、知名教育平台等多个组织提供内训课程；所开课程累计付费人数超过6000人；写过400多篇成长文章，单篇文章最高阅读量超10万。

注重效率,没有质量何谈速度

我是一个时间观念比较强的人,今日事今日毕是我的信条。上学时,不管作业有多少有多难,我总会不惜一切代价按时完成,即使这个代价是不吃饭、不睡觉。虽然有的时候做题不一定对,但觉得课上老师会讲解,也就没那么认真去区分对错。

工作以后,我依然在时间上保持着紧张的节奏,可是这次我错了,社会大学堂给我狠狠上了一课,于是我想尽办法改变自己的节奏,一步一步成为合格的职场人。

一、从工作质量上发现自己的问题

以前我的工作是网络编辑,按照推广计划撰写软文,被搜索引擎收录,吸引网友阅读并产生兴趣点击咨询。

直属领导布置工作的时候,会告诉我工作量和截止日期。而那时我还没有从学生思维转换过来,觉得这就和作业一样,按时完成就好了。

于是我参照学生时代的做作业经验,给自己规划每天完成多少。作业有固定的格式,大体按照题型规划,每天的作业量就基本完成了。

可是,工作内容的推进不是均匀的,经常有一些意料之外的事情发生。比如,干着干着突然发现点击咨询的图片是以前活动的,没有更新,需要联系美工修改;或是涉及一些专业知识,需要技术部门提供帮助。因为需要等待其他部门回复,我的进程推进不是那么顺利。

眼看着接到任务时规划的每日任务总是完不成,隔壁桌的同事却早早做完了,我心急如焚,于是牺牲吃饭和睡觉的时间,更加努力地工作,甚至把工作拿回家做,常常工作到凌晨三四点才睡觉。

然而一分耕耘并没有带来一分收获,我这么努力,达到的效果却不理想。工作完成的质量出现问题,文章的搜索引擎收录率并不高,从点击到咨询的转化率也不高，以至于有的时候还需要返工甚至删除重写。于是我更加努力，睡得更少，状态更差，结果也更糟糕。

我的直属领导跟我说："其实截止日期不是死的。"

咦？我心中一惊，这个还能商量？学校作业不是都要按时完成吗？

他无奈地说："是这样的，结果做成什么样子很重要，上线之后再修改会很麻烦。如果你觉得时间上有压力，可以跟我说的。况且，慢一点有什么关系？我又不会杀了你们。"

对于当时刚工作的我来说，这次的对话十分具有冲击力，原来在职场，凡事可以商量，截止日期也可以灵活调整。有质量的工作才能给公司带来效益，没有质量的速度毫无意义。

这么多年，我一直提醒自己，做事要快，要赶紧写完作业。可是环境变了，工作不是作业，没有老师给你批改讲错题。

我不能总是从过去找经验！我要学会新的生存法则，保证质量再追求速度，成为一个合格的职场人。可是我该怎么办？我都不知道做到什么程度才算质量合格。

二、从结果导向上提升工作质量

既然是用工作结果来衡量工作质量，那么我就以结果为导向，来反推工作质量的高低！

我每天都会检查自己的文章在搜索引擎的收录率，以及促成咨询的转化率，没收录没咨询的文章我会总结缺点，收录的我会总结优点，咨询转化的我会标上打动人心的亮点。

我不但从自己身上总结经验教训，还从业绩好的同事身上学习，阅读他们收录率高和咨询率高的文章，分析原因，总结经验，并为自己所用。

短短一周，我的工作质量显著地提高，文章的收录率和转化率都大幅度上升，返工越来越少，我终于可以睡个好觉了。

转变了工作态度,放慢了工作速度,保证了工作质量,结果从整体上提高了工作效率,也间接加快了项目完成速度。很快,我升职加薪了。

但是我没有就此满足,我想让这种注重效率的习惯迁移到生活中。我想把生活质量也提升上去。

长期追求速度的学校生活,让我的生活节奏也很紧迫,我走得很快,吃得很快,总是匆匆忙忙,忽略了生活中的风景。

记得有一次宿舍里在讨论主干道上的花开得真美,我诧异极了:"花什么时候开了?"那是我每天去自习室的必经之路。我只顾着向前冲,却顾不上欣赏路边的风景。

我开始思考,我为什么这么着急。记忆里第一次着急的时候,好像是在小学,同桌利用下课时间就把作业写完了,而我还没有动笔。我好着急,担心在学习上会被她超过。从那以后,课间时间我再也不去操场玩了,争分夺秒地写作业,和同桌竞赛谁先写完。坦白说,这样做以后成绩并没有提高很多,只是暂时缓解了我被人超越的焦虑。

三、按照自己的节奏轻松上阵

我忽略了质量,是因为我追求速度;我追求速度,是因为我着急;我着急,是因为我怕被别人超越;我怕被别人超越,是因为我和别人比。

所有问题都指向一个根本原因:我和别人比,而不是和自己比。

我和别人比了20多年,比赢了速度却输了质量。和别人比写作业,牺牲了课间休息,作业依然有错题;和别人比工作,牺牲了睡眠时间,工作依然要返工。

当我停止和别人比较,专注于自己的工作质量时,反而保质保量地完成了任务。与人比,后患无穷;与己比,前途光明。

无论是学习还是工作,我一直都在努力地奔跑,生怕落后,可是我却忘了自己出发的方向。做作业是为了掌握知识,做对比做快重要;工作是为了应用成果，做好比做快重要。

我努力将目光放回到自己身上，关注自己要做的事情。工作看自己的KPI考核，不看同事是否已经干完；吃饭看自己，细嚼慢咽，不看同桌是否已经吃完；瑜伽看自己动作是否到位，不看同学是否已经完成。

渐渐地，我反而比较从容地掌握了生活的节奏，不急不慢，不慌不忙，心平气和，从容不迫。

别人已经完成了又如何，我知道自己要去的方向。

> **葛曼　微博博主@满意学姐**
>
> 　　天津中医药大学应用心理学专业理学学士，二级心理咨询师，中华心理咨询师国际协会会员，希望24热线优秀宣讲员。曾从事互联网运营工作，擅长做职业规划、助力个人成长。因在玉树地震灾后心理援助中表现优秀，被授予第二届国际莫尼卡人道主义贡献奖。拥有大量原创博文，其中单篇单日阅读量达三百多万人次。

提高自我管理意识，助力开启智慧人生

我小时候在乡镇读书、长大，但是后来我读了大学，还出国深造，甚至进入世界500强企业工作，在大学当老师。这些经历，让我意识到自我管理意识，是帮助我成功的重要因素。

一、审视自我，发现问题

做好自我管理的前提是正确地审视自我，只有先了解自己的内心，才能确定下一步的方向。

有的人做过性格测评，就觉得掌握了真实的自我，而事实可能并非如此。大多数人会犯的一个错误，叫心理上的自我认知偏差。人都愿意把自己往好的方面想，就算是犯过错误的人，也会美化自己，给自己的行为找到自洽的逻辑。所以，我们在审视自我的时候，一定要客观和有意识地发现自己的性格不足，只有对自己诚实，才能往好的方面提升。

我以前的性格是比较软弱、犹豫的，喜欢投机取巧，也很懒，总是不能很早起床。高中的时候，我的父亲请班主任吃饭，给我安排了一个生活委员的班级职务，但是他们没想到，我居然利用检查卫生的便利，名正言顺地每天多睡半个小时。刚上大学的时候，因为早上起不来，我也错过了很多学习成长的机会。

正因为我清楚地知道自己的缺点，所以我可以有意识地注意和改变。比如，我的性格比较软弱，是因为我是单亲家庭，小时候比较自卑，而家人又把我保护得太好，就像温室里的花朵。我缺少的是生活的历练，那我就要有意识地去实践，去吃苦，去学习别人的处事方法。

我也有一些优点，比较大方，也能照顾他人的感受，所以我能交到很多朋友。在朋友身上我能学到不同的社会交际模式。这对我后来的职业生涯发展有很深的影响。

二、制定目标，计划管理

在对自我有了清晰的认识之后，就要确立适合自己的目标，并制订计划。

目标的确立不一定非常具体，但一定要是你最想要达成的和最适合你的。一旦确定目标，就要分解和细化它，以便于一项项达成。这里推荐用"SMART原则"确立目标，用目标多权树法分解目标，用"6W3H"细化目标，详细操作读者可以上网查询。

图 5-1　SMART原则

我上大学的时候，成绩并不好，但是我很上进，想通过知识改变命运。后来决定考研，如果我的目标是考本校的话，成功概率较高。

我给自己的时间是 6 个月，前期我找到很多考研的学霸，向他们请教。我也找到老师，告诉他我想考他的研究生，请他指导。我按照自己的节奏列了一份计划，时间很宽松，不给自己太大压力。

复习的时候，我只学基础内容和最容易掌握的部分。我对历史很感兴趣，不用太花时间，所以政治这门课我安排了比较多的时间，最后考了 79 分。数学我不是很擅长，但还是强迫自己每天学习一部分。我只学高等数学的前面章节，保证做题的准确率，最后数学考了 108 分，也不差。按照这个思路，我的其他科目考得也不错，但所有人都没想到我能以学校第二名的成绩考取研究生。

我的整体思路就是，确定最适合自己的目标，分析要达成这个目标需要完成什么任务。这些任务是分散的，对每一个任务我要分析怎么达成，需要借助哪些外力，无法完成的就果断舍弃，或寻找其他弥补的方法。多年来，我就是靠着自己总结的目标和计划管理方法，完成了一个又一个梦想。

三、管理精力，更有效率

目标和计划制订得再完美，如果不能很好地执行，那也是徒劳无功。良好的精力管理能力，让我一直高效、科学地学习。

1. 科学饮食

其实并没有哪本书规定一定要吃什么食物，但是有一点是公认的，那就是尽量均衡饮食，避免暴饮暴食，适当食用杂粮。

2. 科学睡眠

饮食和睡眠的问题是结合在一起的，因为它们能相互影响。我曾经很讨厌早起，但是后来通过科学的饮食和睡眠的调整改善了。靠意志力早起，效果并不好。前一晚信誓旦旦，但是第二天早上闹铃一响，还是关了继续睡。

正确的做法是，不要吃得很饱，适当运动，多走走路也能增加体力的消耗。晚上洗个热水澡，学习或冥想，利用上班或者上课不得不早起的机会，把身体状况和休息时间调整好。后来我发现自己慢慢可以做到早上自然醒。

3. 时间管理

番茄工作法，二八法则等，都是经过全世界精英人士检验过的，我们要善于运用这些免费的知识。还有其他高效学习的方法，如康奈尔笔记法，思维导图等。在学业上，我从小就是被父母放养长大的，到大学我才明白，好的学习习惯是多么重要，比如记笔记，预习要学习的内容，回顾梳理学到的新知识等，我都是上大学之后在互联网上才慢慢了解的。2013年我开始读研，我的外国导师教我使用思维导图，并且要求我每次汇报项目都要使用，我个人觉得受益匪浅。

四、其他模块

在不同的人生阶段，我们想要的东西并不一样，遇到的困难也不尽相同，我们只需适时添加或强化自我管理的其他模块即可，就像搭积木一样。这里我想提几点我认为应用比较多的建议。

1. 压力管理

我在大学里见过很多有心理健康问题的学生，都是未成年或刚成年的孩子。更现实的情况是，我们每个人其实或多或少都有心理问题，可能被我们忽略或刻意回避了，由于情况并不算严重，所以大部分人没有在意。

但是，如果你细心地观察和体会，会发现自己的情绪并不稳定，甚至会有一些出格的想法，它们实实在在影响了你的心情，比如你可能会没来由地和家人吵一架，或者莫名的情绪低落。

我们每个人都需要压力管理，这是一种合理的情绪释放和调整。科学的解压方法有很多，比如写压力日记、冥想、自我催眠等。我认为最重要的是调整心态。前文说过，我小时候很自卑，不敢与人交往，当我经过读书和学习之后，我只认为它是一个科学问题，我解决它就好了。我慢慢有意识地培养自己的气场和自信心，很快就战胜了自卑。

2. 微习惯

我们每个人都有自己的习惯，比如每天早上你是先洗脸还是先刷牙，是先挤牙膏，还是先给杯子装满水等。这些微习惯，你自己可能不会注意，但是它们都在影响你每天的生活。有意识地建立对自己有益的微习惯，能够大大提升人生的效率。

我给自己设置的微习惯是，在包里放一个记事本，无论是谈话、开会还是玩手机，我的手边都有一个记事本，随时随地记录我的想法和看到的资料。每天晚上洗澡的时候，我都会回想当天发生的事情，进行反思和总结，天天如此。

3. 高效沟通

沟通不是交际，沟通是倾听和对症下药。当你的同事跟你抱怨，这个项目无法配合，你要想他的真实目的是什么，是他个人不愿意，还是他遇到了什么困难。你要询问，然后倾听他的问题是什么，他是不是想讨价还价，和你交换什么。

只有明白了他的真实意图，你才能提供你的解决办法，该提供帮助的提供帮助，能协调解决的就直接处理，这样事情成功的概率大大提高。

4. 职业规划

我大学毕业之后，出国留学，后来回国进入世界500强的公司工作，这似乎是一条比较正确的道路。但只有我自己明白，这不是我最终想要的。我希望运用我的知识、人脉和管理能力，创造自己的价值，并以此作为最主要的经济来源。

在这个信息爆炸、飞速发展的新时代，我们不能甘于平庸，要做自己的CEO，规划和掌控自己的人生和事业。一个人就是一家公司，我们可以选择和别人合作，但是不能成为其附庸。

我建议从以下几个方面着手。

（1）我的优势是什么？

（2）我的工作方式是什么样的？

（3）我应该如何学习？

（4）我的价值观是什么？

（5）我希望自己的未来是什么样的？

我建议，一定要从事自己最擅长的工作，不一定是你最感兴趣的，但一定是你最得心应手的,这是职业发展的第一步。每个人的工作方式都不尽相同,要总结适合自己的。比如,我的工作方式是倾听和沟通,我不喜欢闷着头干,我喜欢与人合作,我不喜欢厚厚的文件和排版工作。不同的工作方式决定了你的职业发展天花板。

第4和第5点,是精神层面的,也是长久发展中最关键的部分。我希望去创造、去尝试、在市场中摸爬滚打。这个价值观决定了我不会长期待在大公司打工,我一定会选择创造自己的事业。在对未来的设想中,我希望自己是一个能被人尊重、能创造社会价值的人,我能为老人、妻子和后代创造优越的生活条件,能够有可观的税后收入,健康的资产配置等。

提高自我管理意识,助力开启智慧人生。这是一个农村小伙靠知识改变命运的经验之谈,也是最真诚的分享。

姚翔 微博教育博主@学术杂食君

毕业于武汉纺织大学纺织学院,葡萄牙里斯本大学双硕士。曾任职于世界500强企业摩根先进材料、辉瑞医药。有5年多管理工作经验,创办了留学语培教育咨询公司"沃克斯教育"。致力于当代大学生个人成长和陪伴式创业培训,曾获"优秀创业导师"荣誉称号,全网自媒体账号拥有大量原创文章和视频,访问量达百万人次。

从迷茫到自律，我用记账检视法重拾方向

"你要好好学习、争取考个好大学、再找个好工作，女孩子嘛，安安稳稳过日子……"我的人生，好像就这样被安排好了。

一、没有目标的努力，是在粉饰你的焦虑与迷茫

大学毕业前，我的人生路径看似清晰也很幸运，每一步走得既扎实又稳当。考取了专业排名靠前的院校，赢得了娱乐圈头部影视公司的工作机会。在规定好的步骤里，我努力地成为"别人家的孩子"。

没有超前消费习惯的我，在 28 岁这一年因为负债改变了既定轨迹。负债的原因要从 2016 年说起，学生时代的佼佼者，进入职场后自然是上进和勤奋。身在光鲜亮丽的娱乐圈，在享受光环加持的同时，压力与竞争也同样远超其他行业。

因为过度担心职场危机，加上好强的心性，当知识付费浪潮来临时，我像抓住救命稻草一般，买书、买课、线上一刻也不敢让自己闲下来，天真地用学生思维衡量职场。总之，踏入社会的我比学生时代更勤奋、更忙碌，学费也交得更多。

事实上，没有转化的学习，只会增加焦虑。

怕什么来什么，在我估算着一切可以按部就班，距离还清负债还剩 4 个月的时候，我所在的公司因为现金流断裂引发连锁反应，这一切来得毫无准备又充满戏剧性，我失业了。

屋漏偏逢连夜雨，我所租住的房子被通知下个月要空出来，比失业更棘手的问题是，一周之内我得搬家。所有的问题集中爆发在 28 岁生日的这一个月里，我的生活突然被按下暂停键，措手不及的我不得不开始反思。

二、金钱流向就是你的注意力方向

忙碌向前冲的这几年,我甚至没有好好审视过我的物品。面对一屋子东西,我不得不做一次全面的整理。

物品与负债成正比,这句话刺耳却真实。

买来尚未拆封的书籍、囤积还没时间消化的网课、使用频率并不高的厨卫小物件、好看却没什么实用价值的小玩意儿,以及出于囤货心理买的双份的物品……拼命工作换取的酬劳,以物品的形式直观地摊在我面前时,这一回不用别人叫,我自己醒。

足足 21 个箱子,在装车搬家的那一刻我才意识到,这些置办下来曾经让我有安全感的"家当"是多么的拖累。这一课的代价和冲击力让我在重新安顿好之后,一刻也不能等地进入无形"资产"的整理中。

首先从我的账户分类入手。月入过万元已然跑赢了很多同龄人,却陷入负债的困顿中,原因到底在哪里呢?

想要厘清负债,需要先从收纳金钱的账户着手,它们如同金钱的房子一样。房间杂乱无章不做分隔,毫无疑问有多少存货一定是不清楚的。从前也只是有个大概的概念,搬家清理过后,我的财务账目也不能再靠感觉了,必须列出明细。

我找出了钱包、银行卡、信用卡,写下了手机上的电子账户。当我把它们全部摊在桌面上时,竟莫名地有种轻松感。忙碌了这么久,金钱看得见。一团毛线一样的生活终于要捋顺了。

按照储蓄、消费和现金剩余三个类别依次罗列好,倒推过去的 5 年,从流动性最大的电子账户开始,一笔一笔梳理支出。所谓解决问题,得先发掘问题所在。这项庞大而繁杂的工程看似费事,我却意外地在一笔一画的记录中发现了产生负债的根源所在。

数字的客观反映,很大程度上比感官更容易让人清醒。对比打量着自己的支出明细,在数字与数字之间,我发现了自己的金钱黑洞,在用钱模式上，无计划的随机支出占了60%。

不要小看记录这一步，一笔一笔似乎是在还原过去的账目，实际还原复盘的是当时支出的心理诉求。是需求还是想要，或者是一种逃避？比如买回来还没来得及看的书籍，以及还有没时间消化的课程。

问题不被看见就很难被解决掉，梳理账单的过程也是梳理过去的成长轨迹。你花出去的每笔钱都反映着那一刻你关注的点在哪里。那些我投入在学习成长上的支出，看起来是投资，实则是浪费。因为没有产出，我不过是用勤奋的行为去粉饰没有结果的上进。

三、在有价值的事情上投入时间和金钱

盘点完手里的收支账目后，看着被我画着各种标记的财务记录表，竟有一种尘埃落定般的踏实。都说小学生的成绩单是衡量学习程度的显性指标，那么，成年人的个人财务报表就是衡量这个人创造价值的直观指向标，毕竟体现在收支上的账单是很有参考性的。

回顾不敢懈怠的前半段，最大的缺失是回顾和检视，缺了闭环。学生时代的路径是被按部就班、规划好的，踏入社会后的成长和生活却是多元化的。没有了父母、老师的规划安排，自己的路终归要靠自己去走。那就从记账这件小事开始吧。

记账本身没有意义，但通过记账后的分析对比和复盘改进却意义重大。痛定思痛，一方面我决定给自己建立支出原则，这一步帮助自己在花费支出上快速做出判断；另一方面正视负债，制作可操作的计划，开始180天翻转改变。

很多事情在你决心要去解决的那一刻，其实最难的一步已经跨过去了。

四、建立支出原则，严格坚守

通过这次全面而翔实的梳理，我看到了自己过往的金钱流向，也找到

了无计划的支出是快速消耗积蓄的根源。在支出与收入之间，每月减少500元的支出显然比多赚500元来得容易，那么支出原则的建立就可以很好地帮你规避无意识状态。根据我梳理过的记账表，结合自身情况，我给自己定了7条一定不碰的红线。

（1）化妆品与卫浴用品6个月之内用完才能买。

（2）衣物、鞋子、配饰及居家用品暂时不考虑。

（3）遇到喜欢的书籍列下购买清单，可以去书店看，暂时不购入。

（4）奶茶饮料之类的"拿铁因子"可以喝，但要在店里喝完，不许外带。

（5）停掉所有的外卖，改为自己做饭。

（6）去超市采买的行为放在饭后。

（7）每周二和周五设立为"断金日"，这两天不支出。

刚开始我没有给自己强行确定难以逾越的目标，而是在有原则的前提下，同样给自己设立了备选方案，这样执行起来不会因为太生硬而半途而废，避免恶性循环。事实上，这些可选择的备选方案在初期让我很快看到了成绩。

比如，我很喜欢奶茶。特别想喝的时候也会犒劳犒劳自己，但前提是要在店内消费完。这个过程要排队等候，拿到手后即便是中杯，也有500ml，要原地喝完不能带出去。一杯奶茶下肚，再好喝的奶茶也食不知味了，不仅撑还腻。以前边走边喝一大杯700ml不知不觉就见了底，现在提高了喝奶茶这件事的执行门槛，再想起奶茶，觉得这么麻烦还是算了吧。

就是这么一个小动作，每个月也能省下100多元。看着这些曾经被我喝掉的"钱"，慢慢被攒起来，微妙的变化在心中发芽。数字的增加也让我对储蓄这一栏的目标越来越有信心。

除了吃的方面，物品购置上我也有口诀。直到现在购置物品前我也会问问自己：这样东西是不是买给当下的我？是买给现在真正需要的我，还是我想成为的那个人？这样有意识地问自己能减少一半以上的感性消费。

五、180天翻转改变

支出这一出口的有效节流，让我多了一份约束，也是为了刻意改变我的无意识支出行为。都说自律带来自由，这句话不仅适用于身材管理，用在管理个人财务上同样合适。记账这一行为就是在自我管理，并践行着我的原则。

有效的支出原则适用一段时间后，看着记账表里存下的数字逐渐累加，我慢慢有了底气，一度焦虑而匆忙的生活也被拉回正常的节奏轨道上。有结果的反馈是一种正循环。

负债是要清掉的，虽然不多，但仅仅靠节流这一个动作是不够的，还要想办法开源。既然之前交了不少学费，那就把所学的知识用起来吧。主业之余，我把副业提上日程。先从自己能做且马上能上手的地方开始，哪怕是很粗浅的小事，比如接手一些分包下来的执行的活。以前我眼高手低看不上，谁知道再不起眼的小活儿，从接单到结款也需要一套闭环流程，这套流程越来越完善的前提是你要去行动。一直准备就一直没有准备好的那一天，放弃完美思维，去行动就好。在没有接手大项目前，把执行层面的小活儿做好也是一种锻炼。

从无计划的支出到有意识的控制，从一笔糊涂账到每周记账复盘总结，从曾经的眼高手低到接地气的实践应用，一些改变在悄无声息中产生质变。

副业渠道的扩展，让我的收入开始增加，这是个利好的发展，同样我也给自己设立了规则，其中有一条是储蓄和还债的比例是1:1。还一笔也要同比例存一笔。

这样设定有一个好处，在债务清掉的同时，同步建立储蓄积累，万一碰上需要用钱的地方，有储蓄就是你的底气。这也可以避免超前消费，这样会避免增加新的债务。

除此之外，动用储蓄账户里的钱和动用信用卡里的钱是不一样的两种心态，毕竟花自己的和花银行的是两个概念。如果你不想失去宝贵的自由，一辈子沦为给别人打工的人，那就努力守护好你劳动所得的报酬，好好善用它们。

最后几点真诚的心得分享给大家。

第一，会花不等于会赚。体验很重要，但从长期发展来看，延迟满足更重要。

第二，钱可以再赚，但赚钱的时间是回不来的。你只会慢慢变老，体力越来越差。

第三，留在手上的金钱，做好规划与再分配，学会让财富再创造财富，这才是最尊重自己劳动力的选择。

学会理财也许不是所有人都能掌握的加分项，但学会记账却是每个成年人的必修课。

22岁以后的世界，从来都没有偏安一隅，每一次花销的过程，就是我投资自己更想要的世界的过程。

透过记账检视后的每一次反思和延迟满足，能够直观地提醒你，珍惜自己的劳动成果，把钱和精力花在更值得的事物上。

图5-2　记账检视法

> **万璐**　微博博主@兔豁豁
>
> 　　曾在娱乐圈担任艺人经纪人6年,亲历现象级危机公关、参与过票房过亿的贺岁档电影项目,合作的艺人至今活跃在银幕一线。现创业从事文化教育行业,开办配套课程,同步开发周边衍生品,擅长图像与文字结合的视觉化表达。

持续学习，是收获最大的成长方式

我从 2014 年独立出来创业后，一开始没有人才，没有资金，没有技术，全靠自己。当时我问自己一个问题，公司的核心竞争力是什么？这是直击灵魂的问题，从此我便开始了自我学习之路，并获得了长足的进步，为公司业务的开展带来了便利。

记得高考后，填写高校招生志愿，老师发了一本书，上面是一些院校和专业介绍，怎么填完全没概念。我懵懵懂懂填了计算机科学与技术系，读了多媒体专业，后来这个专业被撤销并入了网络技术专业。课堂上计算机老师讲回车键、路径等，我完全听不懂。作为一个从农村进入城市的少年，对电脑接触太少了，那些名词是如此的陌生。

没想到，后来我竟阴错阳差自学了编程知识。

一、不安分的心一直想创业

2010 年，我从事了多媒体影像交互方面的工作，这在当时属于很领先的高科技。特别是上海世博会各大展馆的影像交互技术广泛应用，推动了展览展示行业数字化交互的浪潮。

那时候我做业务的形式是在网上发信息，然后就会有客户打电话过来咨询，属于卖方市场。这和我前一份销售工作的形式完全颠倒过来了，不用辛苦地往外跑，但也少了当初那份跑业务的激情。

和许多销售人员一样，我时常怀着一颗要创业当老板的心，那时候最大的心愿就是独立出来自己创业。我在草稿纸上列了很多项目，有硬件的，有软件的，基本上都是市面上常见的产品。我觉得创业方向很多，机会多的是。

后来公司主业慢慢转向做展览展示工程，这不是我要的方向，干了三年后，我开始自己创业。

二、创业后苦学专业知识

自己出来创业后,我有一些设备可供租赁,每个月都有客户主动打电话过来咨询。靠着老客户,订单还可以。

过了两年后,业务量慢慢少了。光靠当时的一点业务,生存不下去。当时没有人才,没有资金,没有技术,唯一有的就是找自己需要的知识和技能。

多媒体展览展示行业是一个跨学科多领域的综合应用,涉及平面和空间设计,影视动画,计算机编程,工程管理等不同的专业,既要有视觉表现,又要懂计算机图形图像学的底层原理。

对于那些摄像头互动、体感互动、全息影像等后面隐藏的知识,我既充满了好奇,又感到困惑。如果这些知识不熟悉,我和客户介绍业务时,会感到心虚,不自信,甚至会羞愧和自责。

我先花了两个月的时间,学习了PS和AE,又学习了3d Max,边学边练,创作了一些小作品。我用一周时间制作了公司宣传片,发现和专业的影片有较大差距。学习使用工具和用工具做出好的作品是两码事,我发现自己的特长在于使用工具,而不是创作。

在与客户的交流中,客户经常提出界面交互要求,如点击一个按钮,出来什么样的动画等。不懂软件之前,我第一个想到的是用PPT。我一个学软件专业的朋友说有个框架开源很简单,你可以看看,这个框架是openFrameworks。由此,我买了四本C++方面的经典书籍,开始了一段破釜沉舟的学习编程之路。

都说程序员是35岁遇到中年危机,我是35岁才开始学习编程。

我先弄懂了变量、函数、坐标等基本概念,针对难点在网上买了几个老师的C++课程。慢慢搞懂了构造函数、复制构造函数等。后面看了STL教程,买了《STL源码剖析》,总算把C++语法层面系统学完了。

理论方面,我参加了计算机技术与软件专业技术资格(水平)考试课程，这是对年龄和职业都没有限制的国家级考试，只需要通过考试，就能获得相应的职称证书，我已经获得了中级软件设计师的证书，系统学习了高级系统架构设计师和信息系统项目管理师。这在理论上丰富了我对软件的进一步认识。有理论和实际相结合，让我的专业水平打下了良好的基础。

我用了四年时间，一直在软件领域耕耘，相当于读了一个软件工程本科。

我很喜欢比较不同的知识点，比如C++、Java、Python等编程语言语法的区别，MFC、Qt、WPF开发界面的区别。最后发现很多的知识点都是相通的，只不过实现方式不一样而已。

我学习编程以实际应用为主，主要在实际项目中开发使用。为了一个开发项目，我坐在电脑前可以连续编码几天，直到做出来。记得刚学编程时，有个flash交互的项目，问原来的同事有没有源码，她说没有，这个很简单。

听到简单这个词，我好像受刺激了，或者说是受鼓舞了。我在商场里边做活动边写代码，不知道的就在网上查，连续几天拼拼凑凑硬是写好了，这给了我很大的信心，证明自己还是具备学习编程能力的。

我不是程序员，编码熟悉程度比不了专业人士，但是只要我愿意花时间，有信心、想办法就可以做出来，这得益于打下了牢固的底层基础。

花了好几年学习技术，代价是机会成本很大。这几年的业务处于被动状态，我70%的精力都用在技术上，思维也变得技术化，从某种角度讲，这对业务的扩展不利。

但随着后面业务的开展，专业也成了我的优势，越来越使我充满信心。对工作产生的边际效益正在不断扩大。

有时我在想，能花这么长时间执着于学习软件知识，并且能真正应用，不是那么容易。或许这与我个性有关，也或者是无意中要弥补当年没有学好计算机的遗憾。

三、追寻内心，向高能量链接

创业是一个不断试错，不断挑战自己的过程。这几年除了学习专业知识外，我在创业运营、商业认知等方面也遇到了不少的问题，公司在业务上没什么大的进展。2020年暴发的新冠肺炎疫情，更让我举步维艰，日子相当难过。

没有业务没有钱，是中年人的悲哀。没有钱还得往外掏钱，创业的中年人尤其悲哀。毕竟一家老小和公司同事都要我负责。

疫情期间，我见识了自媒体的威力。通过接触自媒体，认识了大量的牛人，开阔了认知的视野。

为了写自媒体文章，我又报名参加了写作班、职业规划培训，还参加了线下的读书会，系统看了很多经济、历史类书籍。这一切都是用输出的方式倒逼输入。

我渴望拥有智慧，渴望拥有成长型人生，希望对事物有独特的深层次见解。我一直在找寻内心那个更真实，更有力量的自己。

目前，我在不同的平台写文字和发布短视频，多条渠道测试，有的回答获得了热门好评，有的视频获得点击收益。更重要的是的找到了一些相同行业和同频的朋友，甚至有的业务来自自媒体。自媒体对业务发展和打造个人品牌方面有很大的帮助。

我之前喜欢自责，总认为自己不够优秀，不够自信，怕别人瞧见自己的脆弱。现在我很坦然，敢于承认自己的脆弱，内心才能强大起来。

当学习成为习惯后，获取信息的方式也变得不一样。现在看到感兴趣的视频或者书籍，看完目录后，我会花上几小时，或者几天，一口气看完，就像追剧一样，简直停不下来。好处是可以快速掌握整体框架，而不是零星的碎片知识。有时候看多了，脑袋晕晕的，觉得对自己近乎虐待。

回望过去，我走了很多的弯路，经历了很多的挫折，这些都在提醒我有很多方面的不足。今后要学的，要做的，还有很多。

真正的学习是让人冷静，认识自己，明辨是非，形成有效的思维系统。我们普通人和别人比不了出身，那就比拼学习力，持续学习，让自己不断成长。

> **王树华　微博博主@IT新媒体艺术**
>
> IT信息项目管理师，软件设计师。有5年一线销售经验，10余年创业经验。曾从事多媒体数字展示、系统集成行业，终身学习爱好者和践行者。

第六章
职场晋升，精准突围

职场如战场，职场上如何进行有效沟通，如何明确目标，如何说服领导，如何为专业赋能，本章将为你深度解答，让你成为职场赢家。

职场中如何进行有效沟通

大多数人都想成为一个事业成功且家庭幸福的人。比如说,经常有人会问"职场女性如何平衡事业和家庭?"一个人的精力是有限的,投入事业,就难顾家;全职带娃,职场发展必然受限。

随着社会发展的包容度增加,越来越多的女性,选择在结婚生子后重返职场。而要同时扮演好工作者和妈妈这两个角色,务必要寻找一个平衡的路径,而且要不断优化。

一、有效沟通,提升效率

我曾经看过一篇关于职业女性的专访,国内某知名日化企业市场总监说:"职场女性要想既发展事业,又陪伴孩子,就必须提高时间利用效率,工作时间高效做事,下班回家专心陪孩子。"

随着自己人生角色的叠加,我也逐步意识到高效做事的重要性。要拼职场,8小时以外的时间不可能再像以前那样挥霍了,必须要充分利用好上班时间,高效完成工作。

工作中沟通效率的高低,是决定工作能否高效完成的关键。众所周知,沟通存在漏斗效应,即信息在沟通的过程中是在不断流失的。通常,一个人只能把心中所想的80%表达出来,对方只能获取到60%,因信息理解能力偏差,只能理解40%,最后由于人总是行动困难,导致只能执行20%。

所以,有效沟通显得尤为重要。它能让人更好地理解和执行对方的意图和安排,提升工作效率,节约时间成本;有利于加强上下级、同事之间的了解,营造良好的团队氛围。所以,一个人要想在职场有所提升,良好的沟通能力是不可或缺的。

二、有效沟通的原则

首先是真诚。你是否出于真心，对方肯定能感受到。要发自内心地关注沟通对象，与人交流的时候，要看着对方的眼睛，但也要避免一直盯着；要集中注意力听对方讲话，思想紧跟着你所听到的内容，及时给予反馈，最终双方实现："我讲明白了，你也听明白了"。而并非机械地听完别人说的话，然后自己回去斟酌，不理解的地方再重新去问，这样来回反复，实属无效沟通。

其次是平等。无论何时，我们都要把沟通对象当作平等的主体来对待。有人会说，对待领导、老板，怎么平等看待呢？我所说的平等看待是指，无论是领导、老板还是任何其他人，所说的每一句话、所做的每一件事并不是绝对正确的，因为世上没有完美无缺的人。

在沟通时，要积极地觉察他们的情绪与反应，发现有不赞同的地方，可以真诚地表达出你的意见，而不是不加思考地顺从。

再次是换位思考。不要总以为对方难沟通、不配合，其实人性是相通的。面对工作，大家都想顺利完成，他所顾虑的问题、办事的原则，并不是由他自己决定的，而是由所处岗位和职场环境决定的，如果是你，很可能也会这样做。

所以，要懂得换位思考，通过沟通尽可能多地获取关于对方的信息，这有助于快速判断出对方这么说、这么做的背景和缘由，最终做出正确的选择。

最后是得体。要达成有效的沟通，表达得体是一个非常重要的原则。这就要求我们在沟通前要三思。提前模拟一下沟通环境，预想对方会有怎样的回应，针对某项具体内容，会提出什么样的问题。事先有所准备，能够提高沟通的效率，还能收获他人额外的尊重和信任。试想一下，如果你一无所知地和别人沟通，那很可能也是无效沟通。

三、有效沟通的技巧

一个职场妈妈说,"之前业绩一直突出,生娃后重返职场,工作很努力,业绩也不差,但是各项考核垫底,不知怎么突破?"

我问,"考核是以什么为依据?"

她说,"业绩是一部分,主要还是靠老板的主观判断。"

我说,"那问题的关键在于你平时跟老板的沟通次数少,而且每次沟通的质量不高。"

她说,"是的,沟通比生孩子前是少了,而且每次沟通的内容也仅限于简单汇报工作。"

沟通需要技巧吗?当然。因为有效沟通是真诚地加以修饰的表达。面对不同的人,沟通方式、沟通节点是完全不同的。职场中,我们通常面对的沟通对象是领导、同事和下属。那么,我就从这三个方面来谈一下有效沟通的技巧。

1. 与领导沟通

了解性格。要和领导有一个良性的沟通,首先一定要了解他的性格和习惯。

有的领导喜欢先看数据后听陈述,你先呈上一份项目详细汇报,待他看完后有了基本判断,你再进行细节的补充,比如采取某些具体措施的真实缘由,还有对具体做法做出解释,简要概括描述即可,千万不要口若悬河、长篇大论。

有的领导倾向于先听汇报再看资料,所以你的口头汇报一定要提纲挈领,意图明确,后面领导大概翻阅一下书面报告,就能很快做出判断。

所以,沟通时先摸清领导的性格,再确定沟通方式,更有利于提高沟通效率。

及时沟通。职场中流行一句话,"下属的沟通汇报次数永远少于领导的期望"。在领导分配任务的时候，一定要先问清楚时间期限，在周期或进度过半的时候，就要向其作汇报。如果遇到问题，根据轻重缓急来判断。重大紧急的困难一定要及时汇报，这样能避免错过解决问题的最佳时机。一般性的问题，则要列成清单，汇报时一次性说明。

在我刚工作时，有一次写文件，将项目的地址写错了，本来是紧邻B项目的一期位置，写成了紧挨B项目的二期位置。实际上，B项目的一期、二期所在地相距40多公里，这是非常重大的失误，等我发现时文件已报送相关部门。我思考再三，还是选择及时报告领导，后来通过协调，重新置换了正确的文件，使得项目进度几乎没受任何影响。

当面最佳。随着微信慢慢渗透进我们每个人的生活，很多人汇报工作、请假、通知事项等都借助微信来解决。其实，并不是每个人都会随时随地守着微信翻阅信息。所以，和上级领导沟通，尽量做到面对面，无法当面沟通的，最好打电话联系，尽量减少用微信沟通（特殊、不方便情况除外）。当有资料需领导审阅时，你在用微信、邮件、QQ或钉钉等工具发送以后，也要给领导打一个电话，提醒领导及时查收确认。

听弦外音。一千个领导，一千种性格。有些领导也会用委婉的方式进行交流。比如说，有段时间我为了准备职称考试，晚上回家看书到很晚，有一次在楼道里碰到领导，他问："你家里最近是有什么事情吗？你看起来精神不太好。"

我答道，"谢谢领导关心，其实没什么事情，只是下周要参加经济师考试了，我这几天晚上回家看书有点晚，不过我已经开始调整到12点之前睡觉了。"我知道领导是在关心我的身体和精神状态，所以向他解释清楚自己最近在做什么，打消他的疑虑，并且表明会做出调整，不会影响日常工作。

2. 与同事沟通

不带评判。职场中，与同级接触最多的情况，一般是跨部门合作。合作，最考验人的沟通能力。彼此意见不一致时，有人会觉得是故意作对，而实际上，即使彼此不熟悉，对方不配合，也不一定是主观原因，很可能确实是坚守工作原则或者上级指示而已。

只有认识到这一点，才能客观冷静地看待彼此的沟通，明白当前真正需要去做的事情，是在发现矛盾、正面沟通、解决矛盾中，将问题一个个地化解，促进团队磨合，最终完成目标。相反，倘若双方总是无法达成有效沟通，问题就永远解决不了，或者会贻误解决的时机。

真实表达。很多人说自己总是碍于面子不敢真实回应别人，别人提出一些过分的要求时，明明心里想拒绝，但就是说不出口，然后就为难地找理由、找借口，最后双方都别扭。所以，对于自己不想做的事情，直言"不"，不是"没时间""家中有事""孩子过生日"等，而是"我不想"。敢于表达自己的立场，反倒更让人看出你的真实。不必做完美，只需做真实。

3. 与下属沟通

善于倾听。与下属达成良好沟通的前提，是耐心地听取并认真地考虑下属的意见。这不仅可以获取到更全面的信息，还可以适时地解决问题，并及时给予反馈答复，赢得下属的尊重和信任。下属也会慢慢地对领导开诚布公地提出意见和问题。

信任关爱。与下属沟通好，靠的一定是在满足彼此需要基础上的信任加持。良好领导力的形成，薪酬并不是决定因素。比如，对于一个技术高超的程序员，你给的薪酬高，总会有人给的更高。这时候，能否给他带来内心满足感的氛围就显得格外重要。

作为领导，要通过不断地觉察并照顾下属的情绪，来维系一个精心打造的团队。具体怎么做呢？

那就需要适时地为下属提供情绪支持，包括言语赞美、小物件馈赠、及时提供帮助等，这些都能让下属感受到来自领导的关爱，有利于凝聚人心。

职场中，无论是与上级、同级还是下级之间，要想达成有效沟通，基础是真诚,平等是原则,换位思考是必要,最后再应用些"小技巧"使语言表达更得体,就会让沟通为我们搭建起人际提升、事业成功的桥梁。

> **徐融** 微博职场博主@职场幸运姐
>
> 毕业于合肥工业大学,硕士学历,中级经济师。现就职于500强央企,拥有10年行政、人事管理经验。曾担任6年专职文秘,擅长公文写作、职场交流。

所有的幸运，都需要提前准备

时常有朋友对我说，"你真的好幸运，学习、工作、事业一路都很顺。"我在想，幸运究竟是什么？幸运是因为我性格善良就特别受到照顾吗？到了30多岁的年纪，回顾自己的过去，我找到了答案，所有的幸运都是我努力后得到的，所有的幸运都是我提前给自己准备的"喜糖"，到点就发。

"你所有的努力，都会成为你的幸运"是我写给自己的话。那我是怎么一步步成为别人眼中的幸运儿的呢？

一、明确目标，付诸行动

有目标，才有方向，有方向，才不会迷茫。进入大学的时候，我给自己定了三个目标：一是拿奖学金；二是积极参加社团，锻炼自己；三是钻研专业知识，活学活用。

大学第一学期竞选班委的时候，我说要做学习委员。于是我提前准备了一小篇英文介绍，背稿、对着镜子练习。坦白说我英语一般，跟同学接触得不多，不是特别了解，心里没底。但既然定下目标，只管往前走。

上台演讲的那天我有点小紧张，从讲台下来的时候，班里的刘同学对我说"全英文竞选，你真的很大胆，很厉害哦，我肯定支持你的"。然后他还小声补了一句"我觉得你肯定可以选上"。那一刻我心里的大石头顿时放下了，我想我就是被幸运选上的那一个。

当上学习委员后，我把拿奖学金写进了我的学期目标清单里。大学时期我很少旷课，没有特殊情况基本都去学校。每次期末考试前两周，图书馆就是我的家，我特别喜欢图书馆的氛围，和大家一股劲地准备冲刺。大学第一年我拿了一等奖学金，信心倍增，我又给自己定了之后每学年的目标。就这样，大学四年我连续三年拿了一等奖学金。

确立适合自己的目标，做自己擅长的事情，才能收获更大。刚进大学的时候,我就问了读过大学的姐姐,了解学校社团、学生会的事情。当时,我就觉得外联部这个部门很适合我。大学四年我从干事到学生会外联部部长,收获很多:第一次拉赞助,第一次接触广告公司,第一次组织大学城各高校举办营销大赛,学习怎么和合作伙伴沟通,管理部门里的人……那都是我大学里稚嫩又宝贵的经验。

有一次学院主任把我叫到办公室,他说:"现在有一个很重要的任务交给你。我看你在省创大赛拿了一等奖,平时外联部工作你也接触很多,这次要派一个学生代表参加活动,是和清华大学星火班的同学做一次科技创新创业的交流"。我开心地接下了这个任务,这是我第一次接触清华大学,看起来遥不可及的事情,就发生在了我身上。

幸运一次又一次地向我"发糖",让我在大学度过了充实美好的校园时光。

二、全力以赴,做到极致

越努力越幸运,我喜欢以全力以赴的状态去对待事情,不管是学习还是工作。

2019年3月,我所在的公司卖给美国客户的机械出现了一点小问题。问题来回反馈了几次,虽有一些改善,但漏水等问题还没有解决。虽然不影响整体使用的效果,但产品上的这些瑕疵我接受不了,想做出更接近完美的产品。我不想让客户因此失去对我们的信心,影响当时三条生产线的订单计划。沟通一周后我决定飞往美国一趟,因为当面的沟通和解决一定是最有诚意、最有效的。

计划定在4月中旬出发。我给自己做了一个准备工作进度表,包括行程、衣服、机械问题的解决方案、拟定代理合同等。我原以为只是去客户在休斯敦的工厂,和客户沟通后才知道,他计划带我们去他新收购回来的位于得克萨斯州泰勒县的工厂。客户助理和我说,老板知道我们专门来一趟,他也特意安排了一下行程。

我十分重视这次行程，决定要把所有大大小小的问题弄清楚、解决好。这也是一个谈进一步合作、代理的好机会。所以这次出差，我还特意定了两套西装，也给客户精心准备了礼物。

抵达休斯敦后，我们休整了一晚，养足了精神。早上起来我穿上了黑西裤白衬衣，神采奕奕，八点就从酒店出发去工厂。到工厂的时候，客户迎面走来，他说本来还担心我有时差睡不好，但是我看起来精神很好。

在工厂的第一天，我只沉浸在机械的世界里，跟着客户的工程师查看我们的每一台机械。我把所有的问题、细节都记录好，具体到气阀、水管粗细的改进，以及机械操作安全的完善，同时我还拍摄了视频，现场同步所有信息和视频给国内的工程师。晚上回酒店后我一直在和工程师沟通，写方案。

第二天早上，换上新的西装套装，带着解决方案，我来到了客户会议室。客户见面后说的第一句话就是我看起来就像一个大老板。量身定制的西装确实给自己增强了信心和魅力。

看了方案后，客户惊叹于我们的反应迅速。方案里我还提到了我们会对现有机械做出免费的维修、优化改进，之后的订单都会按照这个新的标准来做，但价格维持原来的优惠力度。客户很开心看到我们有这样的意识去做改进并制定新的标准，而且行动高效。他笑着说"你可以在下一次订单里提价，我们可以双赢"。

趁着这个好势头，我把本来还在计划中的三条生产线和之前客户没有考虑到的一些配套机械方案都拿出来讨论。当我从包里拿出一沓厚厚的文件时，客户笑了，"你这个是百宝箱，什么都准备好了"。

谈到第二条生产线的时候，客户说考虑到新工厂的空间，想把方案改一下。我立即就拿出给客户做好的备选方案。客户问我"你每一条线都做了备选方案吗？"我说"是的，每一个计划方案，我都做了备选"。客户笑着说"你是我见过准备工作做得最足的"。我从客户赞赏的目光里，读出了一些希望。我知道客户对我们的信心又回来了。

讨论过后，客户初步定下了所有的方案，他说等我们回到国内就可以收到付款。五百万元的合作就这样谈成了。代理的合同我也留下来了，给客户详阅。危机也是机会，重视它，说不定就成就了你的幸运。

中午的时候，客户用私人飞机载我们去了新收购的工厂。客户助理说，我们是第一批坐客户私人飞机的合作伙伴，我们真的被优待了。到了工厂，我看到这是客户做的新品类，客户说计划这里也要加一个设备配合使用。

我很确定地说"没有问题，报价明天可以发给你"。客户惊讶地对我说"你出差也是一样保持这样快速的反应吗？"快速的反应，一定会有更快的反馈，这是一个正循环。虽然我知道这不是一时半会儿就能争取下来的订单，但是我相信努力多一点，幸运也许会来得快一点。

看完工厂，客户带我们去附近的餐厅吃饭，边吃边聊。客户说，"看得出来你很重视这次拜访，我以为你们只是来了解问题，一两天就可以结束，现在终于知道你为什么要预留 7 天的时间在美国。你把事情都安排得很细致，又留有余地"。"衣服也是特意准备的吧？"我笑着点点头，客户也笑了。

饭后，客户很认真地说，他之后的很多生意都可以跟我们合作，他计划做我们的代理，把我们的产品卖到更多的美国工厂，"你总是比别人想得多一点，做得多一点，并且做得好"。

你面对事业是什么态度，事业就会回报给你一个对应的人生。当你有全力以赴的精神，努力做到极致的时候，成功和幸运都是水到渠成。

三、耐心重复，持之以恒

从泰勒县回休斯敦时，我坐在客户飞机的副驾驶上，看着客户娴熟的操作，心生佩服。

努力没有捷径，我们看到的别人的美好与成功，也许就是别人重复了几百回才做到的事情。

今天的努力与坚持就是给幸运播下种子，幸运不会亏待每一个努力的人。所有的幸运都是努力的结果，所有的幸运都是需要提前准备的。

此刻，看到这里的你已经距离成为一个幸运儿不远了。

> **刘丽仪**　微博博主@创业辣妈Elaine
>
> 　　管理学学士，毕业于广州大学市场营销专业，在校期间连续三年获学校一等奖学金、学院"十佳学生"称号，多次获广州市优秀学生干部、优秀共青团员荣誉，参加广东省"挑战杯"创业大赛获银奖。10余年广告和外贸工作经验，每年外贸业绩稳居公司第一。现自己创立贸易公司和广告传媒公司。

重建沟通逻辑，说服领导更有力

我在进入职场的初期，分别搭档过三位同事——小鱼、小瓜和小花。我们同期进入公司，专业考核打分也很接近。一开始我们都身处基层岗位，但工作十年以后，小鱼的岗位是主管，小瓜成为高级经理，而小花已经是大区副总了。三人专业能力相似，职业发展却悬殊。在他们与领导沟通汇报的过程中，我能清晰地感受到三人的差异。

小鱼每次跟领导汇报的时候，领导经常打断她，插入提问。小鱼只好战战兢兢地回答领导的新问题。经常汇报内容只说了一半，问题也没答完整，领导就露出不耐烦的神色。小瓜汇报的时候，总是快速地把内容说一遍，领导听完后，没什么表情，挥挥手就让她出去了。而小花汇报的时候，领导留给她的耐心似乎特别多，不仅给出意见，出门之前还经常鼓励她好好干。

直到后来我也成为被汇报的对象，才明白工作犹如水上冰山，大量的专业能力和工作内容可能都没于水下，而沟通汇报，则是跃出水面的山峰，让你有机会被看到，展示自己。所以，重建沟通逻辑，能让我们在汇报的过程中更具说服力。

一、为什么在汇报当中，沟通逻辑非常重要

公司都有自己的组织架构，虽然可能主营业务只有一种，却往往有不同的层级、部门和业务。所以一个项目从建立到完成，会涉及大量的沟通、解释工作。不论采取的沟通形式是专业的PPT，还是正式的邮件，或者是简单的当面沟通，都指向一个明确的目的——让对方充分理解汇报内容，或被说服，或做出选择，最终做出决策。

所以，能达到目的，推进工作进度，甚至收获领导欣赏的汇报，一定经过了精心的设计，是一个具体的逻辑部署过程。当整个逻辑思维部署得越清晰完善，你的表达就会越清楚，也就越接近实现沟通的目的。因此，

建立了良好的沟通逻辑，一个汇报就成功了一大半。

二、洞察企业需求，是建立沟通逻辑的第一步

我们四个人当时所在的企业，是一家房地产开发公司。此前其主营项目都在北京，对于进入湖南市场的动作，集团重视又谨慎。而当时湖南市场主要的团队，大部分是从北京集团总部抽调而来的，核心的管理层，则是原来的设计部总经理组建的管理班子。

当时我们四个都在市场营销部，小瓜和小花均负责市场策划。小瓜的创意能力非常强，每次方案都做得很出彩。她的性格很直率，每次进入汇报环节，她就快速地把近期要做的活动和推广方案描述一遍。但是，领导很少快速地给她反馈，方案的执行过程中总会有多次的反复沟通调整，领导还经常说她工作欠考虑，这让小瓜非常郁闷。

小花的方案虽然不如小瓜，但是她每次汇报完后，领导几乎都会快速拍板，并放心放权给小花。

我在观察过两三次之后，找到了其中的原因。小花每次汇报之前，都会详细地就方案针对的客户群体，进行北京和湖南的差异对比，并对北京同类型的活动案例进行搜集，结合湖南客户的喜好和习惯，预估湖南当地客户对于此类活动的接受度。考虑到领导是设计岗位出身，对于营销工作并不了解，小花在方案中，还会细心地针对营销的专业名词进行注解，并在方案中融入对产品设计的推介。

因为集团首次进入湖南，所以更重视项目操作的安全性，而非出彩性。管理层虽然对于北京非常了解，但对于湖南市场却没有把握，故而极为看重本土客户的需求。

显然小花的方案汇报，消除了领导这方面的顾虑，既清晰易懂，又便于判断，让领导对于方案有更强的掌控和预判力。同时，领导也看出小花更细致有深度，不仅足够了解本土客户，也能体察到人的细微需求。

小瓜的方案虽好，但在领导不了解本地市场的前提下，只说方案本身，

他无法明确方案的有效性,难以快速给出决策,只好反复询问和确认。两相对比,领导当然更愿意信任和放权给小花了。

所以洞察企业的需求,才能快速地建立汇报的根基,即使能力相对有限,贴合企业需求的工作汇报也能够得到公司的认同,进而帮助你更快地收获想要的工作成果。

三、了解你的领导,才能用对沟通方式

公司文化只有一种,但是领导性格却各不相同。同样的事情,用同样的方式汇报给不同的领导,结果可能大相径庭。

小鱼和小花曾先后负责年度的客户回馈活动,活动涉及多个部门,包括行政人力部、营销部、客服部等。这种跨部门的合作,因为各个部门都有本职工作,在利益和劳动强度上也无法完全平衡,所以,跨部门的沟通难度不小。

小鱼负责的那年,多个部门的领导颇有微词,部门衔接不太顺畅,小鱼非常委屈;到了小花负责的那一年,大部分领导却鼎力相助,中间出现问题时,各个部门的领导也都非常主动地协调解决。我后来跟小花请教,才明白差异的根源,并非在于二人执行能力的高低,而在于对领导的了解深浅不同。

小鱼除了对工作内容做了区分,跟每个部门的领导沟通的内容几乎一样;而小花却针对不同部门的领导,精心调整了汇报说辞,最后得到的效果完全不同。

激情活跃型性格的领导,常常出现在营销、市场等岗位,他们喜欢以人为导向,热衷于表现和表达,擅长社交互动,充满乐观与激情,脑子灵活且行动力非常强,他们追求自由,不喜欢被拘束。但同时,他们对于问题缺乏深度思考,容易出现逻辑混乱。此外,这种领导抗压性和耐力也相对比较差,出现棘手或者重大问题,他们会习惯逃避。

所以,针对这种领导,我们应该采用什么沟通方式呢?

第一，以愉悦而活泼的对话进行开场，保持一种有趣且友善的谈话氛围。在交谈过程中，对他具体的工作业绩和性格，不时地表达欣赏与认同，对他的想法和意见表示支持，给予他充分的荣誉感。在讨论具体事务时，尽量谈及数据和烦琐的细节。

第二，上述性格的领导，思维相对发散，难以聚焦。所以在汇报过程当中，对于重点内容可以反复强调，甚至使用适度夸张的形容来加深他的印象。需要决策的事务，帮助他记录细节和梳理逻辑，并且提供他在意的人的不同意见，比如，我问过xx和xx，他们对于这个事情的看法分别是xxx，您觉得参考谁的意见会更好一些？

第三，在汇报过程中多使用一些激情昂扬的句式，比如，这么做，我们一定可以提早/完美完成任务！

稳重顽强性格的领导，其领导力几乎与生俱来，很多区域老总和大老板都是这种性格。他们以目标为导向，决策果断，对于效率的要求很高，而且很需要空间。同时，他们控制力与行动力兼具，其认定的结果和分配的任务，难以动摇，态度强势。

面对以上性格的领导，在沟通汇报时，我们应注意以下几点。

第一，不要浪费他的时间，快速地准备好汇报材料，并且筛选出最关键的信息。直截了当告诉他，他需要做哪些决策，而这些决策对应的成功率是多少。汇报过程中，要注意减少形容词，减少对过程的包装，汇报要简短而肯定。

第二，保持积极和相对高频的沟通和请示，让他随时了解工作的开展动向。并且提问时，尽量问与目标和结果相关的问题，比如，您看，接下来的目标我应该如何确定？

第三，不要试图与上述性格的领导进行辩论，除非你有完整而极具说服力的数据和事实案例，否则只需服从和肯定他的决策即可。

理性思考对于细节敏感的领导，他们大部分处在研究或者技术类岗位上，善于分析思考，讲究逻辑和精确性，对于细节非常关注。而且他们极为理性，富有耐力，给人非常稳健踏实的感觉。但是从另一个角度来看，他们也难以果断地决策，往往过于低调，不擅长沟通。

所以，这种性格的领导更喜欢以下沟通方式。

第一，汇报之前，需要更充分的准备，以及对于细节和数据的反复检查；在汇报之时，清晰地表达事务的系统性和逻辑推导过程，明确阶段目标和实施计划。

第二，在沟通过程中，应注意态度的谦和，语速不宜过快。适度地停顿，给他一定的时间思考和判断，耐心地倾听他的意见，并及时地补充反馈数据。

第三，此类领导不擅长沟通，在沟通过程中，可以重复他的关键话语，以表确定和尊重；同时也可以表达，自己可以代其与其他部门和同事进行沟通，他将乐见此事。

温和犹豫的领导，通常都很好说话。但不表示在这类领导面前，就可以随心所欲，口无遮拦。恰恰是这类领导，对人的信任门槛反而很高。他们处世谨慎，遵守规定，不喜欢变动和争论，对于别人会尽量支持，对于纪律和组织却保持很强的敬畏感。但同时，这也使他们处事犹豫，决策缓慢，立场容易摇摆不定。

当需要跟这类领导汇报时，更适合互补式的沟通方式。

第一，在沟通汇报之前，需要准备大量的相关案例和研究数据，并在汇报过程中详尽地对比描述，保证能足够支持汇报结论。在给出结论之前，应充分地说明汇报内容和解决方案符合规则和要求。

第二，温和地与此类领导进行讨论，并且尽量缩短汇报时间，让他有足够的时间去征询其他人的意见和看法。

第三，此类型领导因为本身的性格原因，很不喜欢失控感，所以在汇报之前，多表达自己对他的尊重和关注。在汇报过程中，要给他明确时间节点，尽量全面告知其事务的发展进度，同时对于领导的支持表示感谢。

虽然我们简单地归类了以上四种性格，但是在真实的职场上，大部分领导都是复合型性格，也有很多人同时具备了四种性格，只是比重不同而已。我们不能一套模板走天下，而应该在不同的场景下，了解领导当下的需求，建立最合适的沟通逻辑。

说服领导并非一味迎合，而是在关注工作本身的前提下，梳理自己的逻辑思维，建立良好的沟通能力。当你获得领导的认可，也意味着你将获得更好的资源和扶持，帮助你职场之路走得更稳，更远。

邓晔　微博博主@大富锦鲤

曾就职于国内某大型地产集团，华东地区营销中心负责人。有13年多的地产营销甲、乙方工作经验，先后服务过多家世界500强企业客户，操盘金额超200亿元，面积超500万平方米。

为专业赋能，打造个人品牌影响力

2016年3月26日傍晚，我踏上武汉开往石家庄的K字头绿皮火车。因卧铺票已售罄，又急着离开这座城市，我果断选择了硬座票，这意味着十几个小时上千公里"颠簸"的里程。

但我内心却分外轻松，为期一整年的考研备考落下帷幕，不论最终结果如何，总算结束了。没错，我之所以出现在武汉，是因为考研复试。我报考的学校是中南财经政法大学，一所老牌的法学院。

为什么要考研？原因很简单，我的第一学历是双非（非"985"，非"211"）一本，我太需要通过考研来提升我的学历。我在靠走廊的位置坐下，等待火车驶离。我旁边靠窗位置一直空着，直到火车即将发动，一个扎着马尾的女孩才匆匆忙忙上来，径直走到靠窗的位置。

那个女孩率先对我打招呼："嗨，你也是来武汉参加复试的吧？"

一向腼腆的我，迟疑了一会："是啊，你也是吗？"

她异常轻松地回复道："我也是，你报考了哪所学校？"

"中南财大，你呢？""武大。""复试完，感觉怎么样？""复试完就出结果了，我已经被拟录取。""真好！我还要等复试结果。"

就这样，我们聊了很久，直到我俩都困倦，她趴在小桌板上睡去。因为小桌板承重能力有限，我只好端正地坐着，试图让自己赶紧入睡，上眼皮和下眼皮已经开始打架。

虽然旅途很"颠簸"，我却睡得异常踏实。不过，当我醒来时，确实也感到全身酸痛。没过一会，那个女孩也醒了，看到我也醒着，两人相视一笑。

因为是我先到达目的地，所以我主动提出："不妨留个QQ号，9月份武汉见！"她没有拒绝。

几天后，考研复试的成绩公布，我名落孙山。命运就是如此爱捉弄人，失败的滋味真苦。而那个QQ号，我一直都没有主动联系，那段美好的记忆，和QQ一起被尘封。

一、法学生的第一份工作

很快，面临毕业，看着同学们纷纷找到出路，有的考研上岸，有的考公上岸，有的校招被录取，而我站在人生的十字路口不知所措。

石家庄这座城市，有我太多的记忆，但我必须离开，去一个新的城市发展。深思熟悉之后，我选定了下一站目的地——杭州。

之所以选择杭州，原因很简单，我老家是绍兴的，杭州是浙江的省会，经济发展最好，法律专业的需求最大，是我理想的容身之处。

但问题也随之而来。杭州于我而言，是一座陌生的城市，我该如何安顿下来，是先找工作还是先租房？先找工作，那找工作期间住哪里？先租房，那住的地方离工作地点太远怎么办？

于是，我在QQ上找我的初中同学强哥求助。因为他是我唯一知道的，在杭州工作的人。靠谱的强哥给我介绍了杭州这座城市，之后，他在自己租的房子附近给我推荐了几个住处，他说住得近可以互相照应。

在强哥的帮助下，我来杭州的当天就顺利把租房问题解决了。为了省钱，我把"根据地"选在了小和山新苑，房租700元一个月，押一付一。

这不是小区，而是农民房。农民房，顾名思义，就是农村自建的"别墅"。房东为了赚钱，把房子隔成很多单间，租给刚踏入社会、手里又没什么钱的大学毕业生。

虽然租房条件一般，但交通非常便利。另外，因为位置就在浙江工业大学（小和山校区）对面，所以吃饭非常方便。每次吃完饭，还可以在校区的操场上散步。

租房问题解决了，接下来就是找工作。我开始不停地在招聘网站上投递简历，想找一份律师助理或者公司法务的工作，没过多久就收到了面试邀约。

"你好，你有没有通过司法考试？""没有。""什么原因没通过司法考试？""为了孤注一掷准备考研，所以没有报考司法考试。""那你考上研了吗？""没有。""好的，那回去等消息吧。"

不论是律所的HR，还是普通公司的HR，都非常在乎我是否通过司法考试，而我一次次让他们失望。作为"回馈"，他们让我等的消息，我也一直没有等来。

这一轮社会的"毒打"，让我认清现实。我口袋里的钱仅够一个月的伙食费，虽然捉襟见肘，但又不好意思问家里要生活费。我知道家里的亲戚已经开始议论我。

"大学白读了，当初还不如学点技术，当个技工""没本事就别待在大城市，还不如回小县城上班"，这类难听的话经常传到我的耳朵里，我也因此经常在夜里无法入眠。

好吧，我妥协了。既然这个行业容不下我，我只能退而求其次，哪怕不甘心。我需要先解决温饱问题，先活下来，再谋求发展。在强哥的建议下，我放弃了律师助理和公司法务岗位，开始投递市场销售岗位，我所有的骄傲被彻底打败。

因为市场销售的门槛相对较低，需求又非常大，很快我就收到了面试通知。面试了一些公司之后，我从中选择了心仪的公司——一家兼顾家电批发和零售的公司，工资一个月2200元。

从那以后，我开始系统学习营销和市场相关知识。同时，我明白这里不可能成为我最终的归宿，下班空闲之余，我开始备考司法考试。虽然很辛苦，但很充实。

二、半年参加了200场庭审

2017年3月15日，我辞职了。那时，见到许久不见的朋友，他们都给了我极其统一的评价：胖了，啤酒肚，油腻。

辞职之后，我开始全身心投入司法考试的备考，只要没通过司法考试，我就无法正式从事法律职业。3年前，为了考研，我选择破釜沉舟；3年后，为了司法考试，我再次选择破釜沉舟。

备考的路很煎熬，我多次想要放弃，最后还是"啃"下了考试的8门课，十几本参考书，我几乎做到了倒背如流。考完试，从考场走出来，我的脚步轻松了许多。直觉告诉我，这一次，成了！（事实也证明我的直觉是对的）

没等休整两天，我又开始新一轮简历投递，这一次我的目标非常清晰，一定要找与法律相关的工作。虽说参加了司法考试，但我深知自己只懂理论，不懂实操。事实上，理论和实操可能隔了十万八千里。

简历刚投递出去不久，我就收到了面试通知，我信心大增，开始逐一参加面试。

"你好，你有没有通过司法考试？""没有。""什么原因没通过司法考试？""成绩还没出来，但我确定一定能够通过。""司法考试的通过率仅有10%，你为什么如此自信？""因为这是我唯一的出路。""好的，你被录用了。"

我强压着心中的喜悦走出面试的公司，突然感受到前所未有的轻松。来吧，开启新的职业生涯。

这是一家资产管理公司，主营业务是提供担保服务，因为业务量比较大，很容易衍生法律纠纷。公司原本有两个法务，一个负责合同审核工作，一个负责诉讼工作。

负责诉讼工作的法务离职了，所以需要有人顶上，我就是那个人。所以一入职，我就拿到很多案件，有的需要向法院提起诉讼，有的需要去法院开庭，有的需要申请强制执行，我忙得不可开交。

截至2018年3月15日离职，我大致估算了一下案件数量，在200件左右。这段时间，总结起来，就是忙而不累，因为正在做一件自己喜欢的事情。

三、个人品牌打造之路

很多人不理解,有一份稳定的工作,为何要离职?我回复得言简意赅,因为到了职业和收入的瓶颈,需要进一步突破。突破的路在哪里?就是当律师。

经过朋友介绍,我找到一家肯接纳我的律所,唯一的缺点是律所不发工资,只承担社保。想要收入怎么办?只能自己开拓案源。

因为有相对丰富的诉讼经验,所以我的工作重点成了如何快速开拓案源,再加上之前系统研究过营销知识,所以一切变得游刃有余。应了那句话,塞翁失马焉知非福。

进入律所第 2 个月,我就接到了第一个离婚案件,收费 1 万元。找合作律师合办,去掉律所扣除的 30% 办公成本,剩下的一人一半,我净收入 3500 元。

当时,我高兴极了,相信正式开张以后一定可以案源滚滚。但问题也随之而来,虽然熟练掌握了各类营销方式,但是开拓的案源质量不高,收费自然也不高。

而且,因为经常要赴饭局,胃出了问题。跑了几趟医院,医生告诉我,要戒酒戒辛辣,不然年纪轻轻就废了,我惶恐不安。

于是,我开始寻求更好的出路,直到有一天,我看到了行业大咖贾明军律师写的《人在律途》,表达的核心观点就是写作是唯一的出路。

但是,写作也不是瞎写,首先要定位,就是告诉大家,我主要是做什么业务的。然后,把这个领域的所有问题都写一遍。剩下的就交给时间。

那个时候,大家都说,不要过早给自己定位,先全面地接触所有案件,然后慢慢地找到自己的专业方向。我没考虑那么多,既然现在已经有成功的案例摆在面前,我要做的就是模仿,而非质疑。

我选定将婚姻家事作为自己的专业方向,为了夯实基础,我把市面上所有与《中华人民共和国婚姻法》相关的书都买下来,细细研读。

有了足够的输入，就要开始输出。我选择在知乎上大展拳脚，因为相对而言在知乎上写作更容易得到出版机会。为了能够获得更多输出机会，我开始做一对一咨询，从免费到付费，积累了上千例咨询案例。

一眨眼，5年过去了，我已离开原来的律所，转到另一家位于杭州CBD的律所工作——钱江新城律所。5年之间，我最大的变化是通过写作，成功地改变了现状，不仅仅是收入，还有认知和生活状态。

潘均　　知乎博主@潘均律师

现任浙江六善律师事务所执业律师，实战派家事律师，家事谈判行家，个人商业顾问。普法累积影响上千万人次。曾为单一客户谈判赢得2800万元补偿款。常驻杭州。

第七章
副业投资，财务自由

如果你在工作之余还有较多的空闲时间，建议不要再把时间花在刷短视频、闲聊上，本章将带你探索提升自己价值的兴趣，说不定事业的第二春就在到来的路上。

从商务到博主，我的斜杠人生

10年前，我是西安某国企的一名桥梁工程师；5年前，我是多元儿童游乐创业项目的合伙人及运营负责人；4年前，我工作在北京国贸最贵的写字楼里，职务是上市公司总裁助理，负责项目落地及商务部分；而现在，我是全网各平台有20多万粉丝的时尚博主。

今年2月，我过了41岁生日，有位敬重的长辈给我留言，"看来可可是与时俱进的角儿，恭喜你的每一次进步和突破。"我才发现自己确实会在不同阶段尝试不同的东西，也会随着风口的变化调整自己的阶段性目标。

与时俱进，保持好奇心，不断学习，是我对待人生的态度。在我看来，生活应该有多种可能，人生是用来体验和改变的，我不喜欢标签和框架，也不爱定义自己。想，就去做，尝试之后你才知道自己可不可以，并分析出其中的原因，总结经验。

一、保持好奇心，对世界保持热情

好奇心让人对未知世界保持永不停歇的热情，保持好奇心让人不断突破认知边界。当你主动了解世界，了解更多新鲜事物的时候，你会发现自己的思维不再固化，也会对自己的能力做一个清晰预判：哪些能力是我的核心竞争力，我想成为什么样的人，我未来想要什么样的生活，这三个问题会在你心中给出具体答案。

2015年我在做儿童游乐项目的时候，接触到大量的妈妈，当时每一场线下活动都有妈妈转化为我的粉丝，并和我深度探讨关于女性成长的话题。后来为了方便分享，我开设了自己的公众号和电台，内容以女性成长和情感为主，有时候也分享自己的日常穿搭和旅行见闻。这是我第一次尝试做自己的个人IP，虽然那时对个人IP还是一知半解，但刚好有流量入口，就顺应趋势做了。

公众号在2015年处于起步阶段，我自己也是出于好奇，觉得很有趣，刚好有创业时接触到的大量女性人群做流量转化和内容分享，就快速注册账号并持续输出。2019 年，公众号粉丝数破 5 万，单篇文章阅读量破万。同年，微博粉丝数破 6 万，公众号和微博开始变现，我每月的副业收入超过了主业收入。

二、持续的学习能力，不断地学习实践

这里说的学习不是单纯意义上的书本学习，而是学习加实践。社会发展迭代太快，我们掌握的知识结构和经验会很快落后，尤其是在接触到新的项目和不同领域的时候，需要随时学习新的知识和新的经验。

在学习新东西时，有个小方法分享给大家。首先找到对标，这个领域里最有经验的人是谁，列出前 10 位，然后去分析，他们成功的优势是什么，背后的逻辑和运营以及支撑有哪些，现在我们和他们的差距在哪里，分别是什么，要如何去减小差距，依靠哪些方法我们可以成为他们……

角色的转换或者兼顾，其实底层逻辑都源于方法论。想做一件事情，要清楚这件事情的内核，想成为博主，就得知道自己和头部博主的差距在哪里，如文字编辑、审美、成片率、输出内容的有效性、粉丝运营、平台规则等。

可供学习的东西其实都很具体，尤其是细节，当你有了具体的对标目标，就可以边学习边实践、边复盘边改进，从发文频次、内容输出、照片编辑、粉丝互动、短视频内容制作等方面不断优化。时尚其实是非常视觉化的东西，需要进行大量的拍摄，才能和粉丝产生共鸣和强链接。

想清楚问题的答案之后，剩下的就是去做，只有学习和实践紧密结合，才能在过程中发现问题并继续改进。没有人能随随便便成功，都要依靠大量的学习实践。

我刚拍照录视频的时候，没有团队，手忙脚乱，没有节奏，出片速度慢。认识到这个问题的时候，我开始排周计划和日任务单，把每天的待办事项全部列成清单，做完一项划掉一项，包括脚本和拍摄主题的确认，而且要

找到自己薄弱的环节，不断进行有意识的练习。

比如，我自己出平面照片和文字稿很快，因为之前在带项目时文字功底和视觉审美都经过大量强化练习，每天都在大量编辑文字和处理改进视觉效果。长期练习加积累，所以这部分非常娴熟，输出效能很高。但录视频就很差，镜头感、表现力、内容策划都弱，一个视频要反复录，经过后期剪辑仍旧不尽如人意，不能达到自己的预期，反响也一般。

我也有过退缩的想法，但我的好朋友，同样是时尚大V的lulu告诉我，要坚持。为什么平面照片和文字输出你觉得容易，因为前几年你一直在练习，而视频你才刚开始接触，你想让视频和平面一样好，那就必须进行刻意练习，直到自己在镜头前可以轻松控场，掌握节奏和情绪，松弛有度地表达内容。

付出自己所有的努力，全力以赴之后，结果一定高于预期。

三、加位服务的意识，超出对方预期

在任何工作和人际交往中，周到、主动的服务意识都会给人留下深刻的印象。别人要一，你给十，大方利他，为客户着想，为合作方着想，为朋友着想，给别人的永远超出对方预期，你的人脉和资源会越来越广阔。

这一点无论是在商务还是日常生活中，都给我带来了很好的口碑和更广的资源。极度专业的能力和态度，提升了合作体验感，做起事情也很高效，拥有这样素养的人，职业生涯绝对会很长远。

要想得到，得先学会付出和给予。我常说开始容易，坚持很难，时尚博主看似风光，背后是无数的工作和细节，每天的时间都被切割成无数小块：选品，拍照，写脚本，拍摄剪辑视频，和品牌商商讨确认合作细节……同时，也在各个平台分发内容，要保持网感，热点不能丢，话题要跟上，时尚相关的内容要随时更新，健身美容也不能松懈，真的是要时刻提着劲儿，围着结果做过程。

很多阅读量过10万可以成功变现的博主，都是能抗压咬着牙坚持下来

的人。也有很多人一开始很投入，但坚持一段时间后没有打造出爆款视频和文章，和预期不符且没有变现途径，就自己倦怠最后放弃了。那些持续产出优质内容并坚持半年以上的博主，大部分都在自己的领域有所建树。

每天一小步，人生一大步，阅历和经验的累积，让我明白所有的事情都有方法论。掌握背后的逻辑，实践，验证，复盘，迭代，坚持，形成商业闭环思维，每个人都能成功。只要你愿意尝试，就能拥有完全不同的未来。

> 黎可可　微博时尚博主@黎可可
>
> 　　上市公司总裁助理，全网粉丝数逾20万，国家网络文艺批评人才，注册国际心理咨询师（CIPC），婚姻情感咨询师，有20年工作经验，擅长商务运营，女性魅力提升及两性情感关系专家，已出版作品《网络文学产业化研究：网红情感IP打造及品牌化运营研究》。

极致利他，开启事业第二春

中年危机是悬在每一个打工人头顶上的一把剑。可能是 35 岁，40 岁，也可能是 45 岁。早晚不同，但那个不可避免的职场断崖结果，就在前方，等着你。

好几年前我就开始焦虑"35 岁现象"，反复想着做点什么来躲开中年危机。想来想去，最稳妥的方法是尽快开始新的尝试，为以后多铺一条路。

说到出路，很多上班族的想法就是开个小店，自己当老板。我也不例外，我非常谨慎地考虑了爱好、资金等，最后选择了加盟我常年喝的进口葡萄酒品牌。还决定采取O2O模式，线上线下相结合，实体店和线上渠道同时做。

从风风火火的开张，到狼狈转让，也就一年的时间。工商、税务、楼管、高额的房租、流动的店员……操不完的心，最后不得不以转让了事。

这次经历彻底打消了我自己开店的梦想，然后继续苦思冥想到底该怎么办。如果离开公司，我到底该用什么方法来养活自己呢？

一、极致利他，开启新可能

苦思冥想的同时，我也没有忘记持续地学习。当时偶然进入一个学习交流分享小组，老师给我们阐述了一个很重要的观念，要极致利他，无私地为他人服务。还给我们布置了作业，要求每个人去做分享。

在小组里面，我能给大家分享什么呢？当时我的本职工作是世界 500 强公司资深战略分析师，个人爱好就是买房。

因为我很早就开始做房地产投资，每次为了买房都会做大量的研究工作，所以对北京房产市场非常了解，后来还把投资扩展到深圳、重庆等地。经过十多年的买房卖房经历，我积累了很多的经验，我完全可以把经验和感悟跟大家分享。

于是我做了一个"买房的底层逻辑"分享，分析到底为什么要买房，怎么买房，以及什么样的房能买，什么样的房不能买。

我还条分缕析纠正错误观念，比如一定要凑首付而不是攒首付，要根据你的目标倒推，想尽办法去筹措资金……

最后说具体买哪里的问题。我从城市的选择、入手时机的选择方面给大家做了很多的分享。买房子就是投城市的股票，回避三、四线人口流出城市，投资你能买的一、二线城市，如果城市内片区已经出现分化，可以采用专业的选房服务。

分享的效果非常好，很多我以为的常识，至少在房产投资圈已经是最基本的常识，很多房产新手还不知道。

很多人兴奋地找我说："薇姐，谢谢你！给我打开了大门，我一直以为我在北京买不起房，现在我又重新燃起了希望！"

大家的热情也激发了我，这次分享之后，我又做了两次分享，反响都非常好。

后来有听众非常热情地说，"薇姐，我听过你的分享，特别有感染力，特别有激情，而且对我特别有帮助。我觉得你完全可以把买房作为你的副业啊。""你可以继续这样做分享，帮助更多的人。而且你可以把你的知识，按理论体系整理成一门课程，在网上卖。同时提供一对一咨询，帮别人解决具体问题。"

我一想，对啊，和人聊买房，帮人买房，这事我爱干啊。

二、与客户交朋友，发挥自身价值

在朋友的热心推荐下，我有了第一个付费咨询客户——田田，在某互联网大企业工作3年，手上有一点积蓄，但还是觉得首付不够在北京买房，想去天津买。

我一看到田田发给我的信息顿时急了，她明明有北京的购房资格，有一百多万元首付，完全可以在北京买房，如果买在天津，那绝对亏了！

于是我赶紧和田田约了时间，花了一个多小时，给她摆事实讲道理，讲透了在北京和天津买房的根本性差别，再次明确告诉她，以她的情况，在北京买房是完全没有问题的。

后来我还给田田提供资源对接，帮她推荐了专业的选房团队，他们专门在北京帮人做二手房选房，特别擅长做片区和房源分析，而且可以陪同谈判，提供一条龙服务直到你拿到房产证。

在我的帮助下，田田的买房进程快速推进，很快进入看房、选房以及谈判阶段。中间她又遇到了问题，比如家里人的反对，资金筹措等，我都出于真诚之心提供售后服务，继续给她指点，一路陪伴，终于帮她买到了称心的房子。

犹记得，我们在她买到的房子里一起喝酒庆祝，她给了我一个紧紧的、久久的拥抱。

这个成功案例给了我极大的信心，真切感觉到我的知识、经验非常有价值！我能帮助一个像当初的我一样，孤身一人来到北京的女孩，买下人生中第一套房。我觉得自己在做一件非常有价值的事情。

没过多久，又一个咨询案例让我看到了自己更大的价值。

一个朋友林哥，身在三线城市，白手起家，自己开了公司，经营良好。林哥手上攒了点钱准备投资房产，还好他买房前想起找我。

林哥手上攒了100万元，不知道干什么，中介推荐他买公寓，他觉得公寓又便宜又漂亮，交通还方便，特别好。他微信上说，"我今天马上就要交定金了，你看行不行？"

他花钱找我咨询，我就帮他尽心尽力筹划。我花了一个多小时，先帮他做了家庭资产盘点，如家庭成员、收入、几套房产、位置、市值、用途、贷款额、月供、家庭开支等。

然后就给了他几个果断的建议：第一，公寓非常不建议买；第二，他有些老房子目前是出租用，完全可以出售回笼资金；第三，归拢回来的资金加上原有的100万元，他完全可以到发展更好的城市投资。

林哥从农村走出来,到在这个三线城市置业安家,以为就此终老,但他的孩子还可以往上走啊!我跟他说,"你不能小富即安,你还要想想你的下一代,你的孩子,他以后去哪读书呢?他以后在哪发展呢?"

几个问题给他打开了新世界的大门,于是附近的一个大城市进入了我们的视野。咨询的最后,林哥真切地和我说,"谢谢你,救了我的100万元!"

林哥的故事给我很大的触动,我在想怎样能够帮助更多的人。在征得林哥同意,并隐去了隐私信息后,我把林哥的故事写成了一篇文章,投稿到全国前五的房产自媒体中,给像林哥这样的人,总结了一些建议。

不要满足于小富即安,要做通盘的资产盘点,考虑往更大的城市走……最后收获了五万多的阅读量,500多人点赞。很多人留言说,打开了思路。

后来陆续有朋友给我介绍更多的咨询案例,有像田田这样,在北京首次购房不知道买哪里好的;也有像林哥一样,手上现金好几百万元,纠结买房还是做其他投资,需要有人帮他们做家庭资产规划的。还有的客户,手上资金不少,但拿不定主意到底是放在房产上还是股票上。好在和我进行深入咨询后厘清了思路,明确了需求,愉快地踏上了买房之路。

不知不觉中,我事业的第二春已经顺利起步了。

三、真实需求带来有效出路

回头看去,我发现自己之所以成功,很重要的一点原因,就是一定要做你熟悉的,你喜欢的,你热爱的,别人不给你钱你都会去做的事情!更重要的是一定要有一颗利他的心。

想想最开始,我就是为了完成作业做了个利他的分享,结果开启了买房分享的大门。

我就是想拉住田田,不要让她错过在北京买房的机会。我就是想着拉住林哥,不让他的100万元在商铺套牢。说实话我最开始的目的真不是赚钱,就是为了能够帮助朋友,事实上获得了很好的效果。

当你帮助别人提供价值的时候，世界自然也会给你相应的反哺。很多职场中年人在考虑转型的时候，不要光想着我要什么，要更多地放下自我，转变思路，想着我能帮别人做一点什么。

认真回想在过去的经历中，我们成功帮别人做成了什么事情，别人因为什么事情感激我们，这些才是我们给别人真实提供的价值，这就是客户更需要的价值。

这些真实需求，很有可能拓展成一个真实有效、可持续的副业，帮助我们转型，给我们找到出路。在寻找的过程中，时刻记住利他才是最大的利己。多帮助别人，你付出的越多，你得到的越多，你帮助的人越多，你得到的帮助越多。

慢慢你会发现，主动联系你的人多了，甚至有人刚加了你好友就开始打钱约时间咨询。因为你的真心，你的价值，已经在前面的无私分享中被别人看到了。

极致利他，顺便利己，越分享，越成功。

中年人事业的第二春，转眼就到！

> **黄薇**　微博博主@薇姐买房
>
> 　　清华大学MBA，有15年IT行业工作经验，现任某科技集团战略总监。业余爱好是买房，有多年北京深圳多城市房产投资实操经验，拓展副业"薇姐买房"，提供一对一房产咨询服务。做过多次公益分享如"买房的底层逻辑""买房实操要点"，科普买房的正确理念，已服务数十位一对一咨询客户，合理规划家庭房产投资，站在买家立场，提供一站式代购服务，已代购房产金额上亿元。

写作，人人都能学会的副业技能

我是个 33 岁的普通白领，从小是老师眼中的好学生、父母眼中的乖孩子，工作中是领导眼中的好下属。但在 30 岁生日时，我许愿过 8 小时工作外的第二种生活。

最开始很简单，我只是写文案销售产品的社交电商。但在践行过程中，我发现文字不仅是销售产品的工具，也是连接人与人之间情感的纽带，还能帮助其他人实现副业创收。所以，我成了一名文案老师。在这里，想跟大家分享我一路走来的一点儿经验，希望能帮助同样迷茫过的你。

一、多读书，真能找到黄金屋

2016 年，到了我最需要快速成长的"奔三"年纪，于是我先投资了自己的大脑。多读书、读好书，是不错的投资方式，付出时间，收获知识，丰富业余生活。

这两年能直接读一手资料的时间减了一半，我又发现一个投资大脑性价比更高的方法：付费报课。我每年报课的费用在五位数，投资回报达到 2 倍以上。

在不断精进的过程中，我发现，投资大脑的成本很容易回收，并且大脑高速迭代后，让我自己更值钱。

虽然有远高于理财的投资回报率，但一路走来跟我一样坚持的人少之又少。

我的副业是靠写字吃饭，一边写营销文案卖产品，一边教学员写变现文案。我拥有这项硬技能，不是因为我有多优秀。恰恰相反，语文曾是我的"瘸腿"科目，当年高考语文满分 150 分，我只考了 96 分。

但就算语文成绩击碎了我进名牌大学的梦想，我也没觉得语文有多重要。直到 2018 年，我在本职之余，开始接触社交电商做产品，才尝到了学好语文的甜头。

刚开始我得花 1 个小时才憋出一条 100 字的文案。一方面是时间效率不够高。于是我去上时间管理的课程，研读提高时间管理效率方面的书籍。边实践边总结，找到适合自己的时间管理方法。另一方面是肚里没货、缺乏写作技巧。持续输出一段时间，我才发现知识如此匮乏。我开始泛读各种书籍，育儿类、销售类、心理学类、工具类等。从书里抓关键知识点，再用自己的理解去输出。

但写作要花时间、读书要花时间，加上固定的上班时间、陪孩子的时间。就算时间管理再到位，一天 24 小时的总量也不会变。为了提高单位时间的效能，我学习了快速阅读、拆书、折叠时间的课程。果然，二维的时间世界，被我延展成多维空间。

在持续升级大脑系统的过程中，我完成了高维的多系统运行。当然，要高效率生活，7 小时的睡眠时间必不可少。在没有特殊安排的日子里，我选择早睡早起。

早上 6 点起床，这是最好的养生时间。我一般会穿着宽松的睡衣盘坐在沙发里，背上灸着温热的悬灸包，手里抱着一本书开始学习，有时会闭着眼睛听线上语音学习课。

7 点半，我继续打开听书类 App 磨耳朵的同时，完成洗漱、化妆、吃早餐，然后出门上班。

8 点半到下午 5 点，开始一天神采奕奕的"搬砖"时光。中午偶尔会小憩，通常会练 15 分钟左右的站姿。女人 30 岁很需要保养身体、修炼气质，对不对？

下班后到晚上 7 点 30 分，是高质量的亲子陪伴时光，和孩子一起吃晚餐、玩游戏、讲故事，聊聊天，说说悄悄话。

晚上 7 点半以后，就是我的黄金充电时间，写课、写文案、上线上课程，跟天南地北的朋友们聊天，直到晚上 10 点。晚上睡觉前，或躺、或坐，给自己 30 分钟的静思时间，复盘一天的收获。

我把边学习边养生的时间称为折叠时间，既能满足我求知若渴的心愿，也能照顾到我的健康生活（备注：折叠的概念源自王潇的《5 种时间》，部分时间折叠可共同进行，如输出写作的时候敷面膜）。

以上，是我从读书、报课到写作的闭环管理。

二、通过写作，完成文案变现

10 年前，我们以为淘宝是卖便宜货的平台，10 年后它成为中国最大的电商平台。

以前，我们以为写作是一件难事，把写作当副业更是难上加难。现在，人人都可以做自媒体，通过写作有了更多发展机会，而且写作还有意想不到的收获。

第一，我通过写作，有了更多思考的空间，完成了亲子、父母、夫妻关系的修缮。

第二，近 3 年的时间，我每天坚持码字，或者为码字做准备（读书、上课）。这个闭环的成长不断优化我的做事风格，成就了我在主业中的提升。

第三，写作，越久越香的副业技能。2018 年开始写文案的我，如今已经靠文案变现 6 位数。

三、学习写作，开创副业创收渠道

写作，是我们从小学就开始练习的技能。我女儿今年 5 岁，报的幼小衔接课程里，就包含了怎么看图讲故事、故事情节缺一环怎么补充这一类内容。所以，写作对于普通人来说，成为越来越日常的事。

我们之所以在主观上感觉难，一方面是没下笔去练习，另一方面是不知道在网上写作有什么技巧。基于我的实战经验，写作，尤其是写短文案，学会了下面几点，就能掌握一项副业技能。

第一，写文案前不着急动笔，先在写作前想好这条文案我想表达什么，用一句话记录下来。

第二，我会想象自己写作就像在给孩子讲故事。这意味着要通俗易懂，不用一些生僻的词语；情节要引人入胜，不能像流水账一样没有重点；要产生共鸣，得先了解受众对什么感兴趣。

第三，我有一本随身携带的素材本，平时孩子发生的趣事、跟人聊天时闪现的灵感、看微博时觉得不错的观点，我都会记录在上面。想写文案了，就从里面摘选素材。

第四，选择好你的副业写作赛道。我是在写作能力达到变现后开始做文案老师的。你也可以跟我一样，用写作去教人，或者用写作去带货。不管是教人还是带货，都要经历被喜欢、被信任、被追随的过程。

被喜欢，即吸引别人跟你交朋友；被信任，即吸引别人信任你说的话、表达的观点，以及你这个人；被追随，即你推荐的东西，别人也想尝试。

第五，作为一个文案老师，提前给你点建议。写好销售文案，光知道观众感兴趣的方向还不够，一定要落实到细节，有针对性。就拿减肥来说，年轻人要减肥，可能是为了外表更好看、想谈恋爱；中年人要减肥，可能是因为体重超标引起三高，要身体健康。就跟中医看病一样，虽然感冒表征一样，但病因各异，可能是病毒感染，也可能是着凉了，还可能是长期寒气聚集引起的。写作，得因人而异。

如果你也跟我一样，想在稳定的工作之外找一项可以发掘的硬技能，写作是一个不错的选择，加油！

怡玲　微信视频号@怡玲老师的文案研习社

毕业于南京信息工程大学经济管理系，有 11 年欧美独资企业安全管理负责人经验，有 3 年自媒体运营经验，担任 3000 多个团队的金牌导师，擅长写微营销文案，文案持续引流变现已达 6 位数，已开设三期"自动成交文案营"。

合理配置家庭资产，让投资变得简单

2015 年夏末，罢了！罢了！放弃吧！股票再跌 3%，券商就要强制平仓了。留点纪念，平仓吧！看着账户仅剩的几万元钱，我陷入了沉思。

两个月前账户净资产还有 180 多万元，短短两个月因为不断博反弹，账户净资产迅速到了清零边缘。我到底做错了什么？

这个问题困扰了我 5 年，直到 2020 年我才明白问题的根源所在。

股市赚钱的故事虽然诱人，一个月股票赚几万元甚至十几万元看上去似乎非常容易，我甚至觉得自己可以做职业投资人，走向财富自由。但我错在把财富来源聚焦到股市。当我把时间和精力都投入股市的时候，就陷入了亏损的泥潭而不能自拔。

家庭就像一个企业，需要稳定的现金流、多元化的收入，高收益预期并不适合家庭投资，因为高收益往往意味着高风险。分散与稳定收益滚雪球，才是家庭财富配置的方向。

不断扩展职业生涯深度与高度，坚持白菜 ETF 投资组合，培养好孩子是每一个家庭最重要的三件事。

一、职业生涯深度与高度决定财富积累

曾经我一度认为我可以通过炒股解决财务自由问题，可我忘记了本金来自打工收入，家庭生活需要有稳定的现金流。炒股本身就是一种高风险投资，能保持年度盈利就已非常难得，更别说月月有收益了。

独立投资活动对人的素质要求，远远超过了打工。打工"划水"一阵子也看不出来，炒股只要"划水"就会出现账户资金缩水。如果把炒股盈利作为家庭开支的一部分，人的心态肯定不会好，甚至会持续崩溃。

坚持发展主业，把主业做好才是家庭财富积累的主要来源，主业如何做好？升职、不断升职进入更高管理岗位。你知道升职有什么诀窍吗？把过去认知先抛开，听我说，管理工作并没有你想象中的那么难。管理岗位最终的核心工作就是通过用人把目标分解、实施并达成目标，级别越高用人越关键。

工作是载体，人是关键。当你接到一个任务会如何思考？

先要构建整体思路：整体意图—任务分解环节—关键核心点—实施策略—人员安排，不管你是普通员工还是领导者都需要先这样思考。大多数时候思考角度是甩锅式下达：要求—目标—人员，这就是大多数公司管理缺陷，不能把目标有效分解落地。

工作需要做一些侵入式设计，把自己的工作向上一环节和下一环节做重叠，看似好像多干了一些工作，实际是把自己往核心推进了一步。

管理的工作难度在于与人的协调能力，只需要让大老板明白你的价值即可，把成绩更多让给其他同事，工作多考虑跨部门流程侵入安排，喜欢你的人就会越来越多。

全局观、分解战略目标、组织实施、人员管理协调能力超强，这是所有公司都稀缺的高级管理人才，自我提升从这几点入手职业上升路径就很宽。

二、指数ETF基金组合让你告别投资亏损

有意思的投资不可能三角定律：

投资中的不可能三角定律：任何投资品种都不可能同时满足高收益、高流动性、低风险三个条件。事实真是如此吗？

指数ETF基金组合对个人投资者来说，可以打破投资不可能三角。个

人投资者最多千万级投资在主要指数ETF基金面前不存在流动性问题,当我们把时间跨度放到5年以后主要指数ETF基金就是低风险、高收益品种。

指数ETF基金投资也有一些技巧,建立一个组合获取市场头部股票复合增长收益是白菜指数ETF基金组合的目的。

白菜ETF指数基金组合是一个非常好的投资组合方案,我在微博中给大家介绍了好几年,不少实践者这几年收益都不错。

白菜 ETF 投资组合解释:选取A股上证50指数、深沪300指数、中证500指数,这最优秀前800只股票的指数ETF,把资金按照比例配置的投资指数ETF方法。

只需三步学会白菜ETF基金组合。

假设您有20万资金需要投资指数ETF。

1. 年初1月1日仓位分布:510050分配6万元、510300分配8万元、510500分配6万元,资金比例3:4:3。

2. 次年4月30日持仓总金额为25万,仓位分布510050市值7万元、510300市值9万元、510500市值9万元,这个时候三个基金资金比例已经不是3:4:3了,我们需要通过买卖重新恢复比例。

3. 恢复后的仓位分布:510050分配7.5万元、510300分配10万元、510500分配7.5万元,资金比例3:4:3。再平衡的目的是把涨得快的基金卖掉一部分,去投资涨得慢的基金,通过指数轮动获得更好的平均收益。

选取上证50指数、深沪300指数、中证500指数这三只规模最大的三只ETF基金,510050、510300、510500。把资金按照3:4:3的比例,买入这三只基金。

由于三只基金每年涨幅肯定不一样,随着时间推移投资份额资金比例会慢慢偏离最初比例。那么我们在每年4月末的最后一天,做一次平衡。

把比例超过的基金部分卖一点,去补比例份额不足基金。让比例重新回到3:4:3。

坚持投资白菜ETF组合一定能获得跑赢通胀的收益,但难度就在于是否能坚持到底,所以耐性才是大多数投资者最难以战胜的心魔。

三、传承希望家庭核心资产是孩子

孩子传承父母希望,有希望家庭生活才更加有意义。在进入互联网时代后,教育水平决定了孩子进入社会的起点。

2020年中国大学毛入学率达到40%,其中"985""211"占比不超过15%。也就说不到10%的孩子受到了一流教育培养,大多数孩子进入社会起点都差不多,未来区别在于生存能力区别。

孩子教育从小要分为应试教育与世界观、思维方式教育,父母要当好孩子的老师。父母要日常展开讨论让孩子听大人视角思维,潜移默化塑造孩子的世界观与思维方式。

父母之间的对话会很容易引起孩子注意,父母的谈话内容是八卦新闻、争名夺利,孩子自然就会变成小大人。

随着孩子年龄长大,谈话深度会不断提高。等闺女上了高中,我就会把聊天上升到系统化思维与如何发现关键点作为核心内容去和老婆聊。

说教孩子效果很差,因为没有一个人喜欢被人说教,哪怕他只是一个孩子。但每一个人都有求知欲,让孩子放下戒备心理听父母说,就是一个非常好的教育方法。

我和老婆已经有了默契,只要我一开头她就能做好捧哏,虽然我们也不敢肯定孩子听到了多少,但我相信已经在孩子内心种下了种子。

> **侯海磊**　微博财经博主@乡下老白菜
>
> 全网粉丝数超过 10 万,微博年阅读量过亿,有 20 余年销售管理与证券投资经验。专注中等收入家庭资产配置与基金投资,对大盘走势与指数型 ETF 研判准确,独创白菜 ETF 指数基金投资组合战法,微博、头条、招行等网络平台认证的财经作者。

投资自我：10年，从负债2万元到资产1000万元

一个靠助学贷款上完大学的农村女孩，用10年时间成为博士、副教授，育有两个宝贝，在一线城市深圳和二线城市有房，总资产过千万元。这就是我的逆袭。

一、学习，是普通女孩走出社会底层的最快捷径

千万不要听信成功人士都没有高学历的鸡汤故事。所有成功人士，一定都是不间断学习者。上大学，是普通女孩尤其是农村女孩，有机会走出社会底层的最快捷径。

我从小生活在农村，对农村男女地位的差异感同身受。农村家庭钱财物等资源一般多向男孩倾斜，分给女孩的非常少。很多家庭中的女孩还肩负着和父母一起扶持家中男孩的重任。所以，努力学习考大学是女孩摆脱不平等困境的最好方式。

靠着助学贷款、奖学金、打工，我解决了大学的学费和生活费，并顺利考取了"985"名校的研究生。研究生毕业后，我通过统一招考，进入了现在的工作单位。现在我仍然感谢十几年前的自己：每日衣着朴素，每天步履匆匆，穿梭在上课和兼职之间。

一边要保证学习成绩优异，因为需要奖学金；一边要保证兼职顺利，因为需要生活费。这种忙碌、疲惫的节奏一直持续到我研究生毕业。

因为第一学历是名校硕士研究生，一毕业我就有了很高的起点和很好的平台。好平台意味着更多的机会，更广的人脉，更高的见识，更好的收入。我始终认为学历是我获取高平台的重要敲门砖。通过学习习得某项技能，是回报率最高的手段。于是，工作后我攻读了博士研究生，学习了理财投资知识，把不断学习提升自己切实贯彻到了每一天。

二、婚姻，找到成就生活和事业的合伙人

恋爱，只要有爱就可以，但婚姻不行。爱只是婚姻的必要但不充分条件，婚姻的本质是合伙创业，夫妻就是合伙人，两人荣辱与共，共同承担责任。好的婚姻需要志同道合，三观相近的命运合伙人一起维系。

我选择老公的标准如下。一是有责任感。在婚姻的巨大挑战和生活的鸡毛蒜皮前，每天谈情说爱不如责任感实用。好男人，会咬着牙挑起担子，轻易不放下。这是一个家的栋梁、动力、希望。二是有上进心。上进心，是一个人在群体中胜出的动力和源泉。一个有上进心的男人，会踏踏实实走好职场每一步。三是尊重我的成长。对于追求自我成长的职场女性来讲，没有什么比老公能在周末分担一半的育儿工作更能体现爱！

一个好老公，一定会主动平衡自己的工作、交际和家庭时间，绝不缺席丈夫、父亲角色。这些角色的扮演，最低级的是用钱实现，最高级的需要花时间和心思。经济基础是经营婚姻的最低保证，花时间用心思，才是感情维系的根本保证。如果他能把我的事情和感受放在心里，他就会主动分担一些家务，和我一起育儿，体会我的不容易。

女孩要选择让自己成长的职业，积累自己的价值。千万不要贪图稳定，做没有任何挑战性的低薪工作，更不要轻易放弃工作。夫妻能够彼此成就，相互成长，这是幸福婚姻的前提。如果成长不同步，夫妻之间的节奏就会不和谐，自然会出现各种裂痕。

三、投资，理性增加主动收入和被动收入

查理·芒格说过："赚钱的秘诀是节约支出、生活简朴。沃伦和我，我们年轻没钱的时候，我们都是省着花钱，把钱攒下来投资。坚持一辈子，最后很富足。"这么朴素的道理，现在却被铺天盖地的财富自由，诗和远方湮没了。

普通人的一生，就是攒钱贷款买房、满足孩子教育、赡养老人、赚养老钱。如果连几万元的本金都没有，就说财富自由，无异于痴人说梦，毕

竟财富自由离普通老百姓的生活很远。

老百姓的投资理财之路都是从拥有第一桶金开始的。硕士毕业工作后，我就开始了攒钱投资之路。攒钱，是普通人投资理财的第一步。通过合租节约房租，走路上下班将锻炼身体和省钱合二为一，在单位食堂吃饭节约饭费，将服装和化妆品等严格按照预算执行，等等。靠着理性规划支出，我做到了将每个月工资三分之一用于基金定投，三分之一存入银行，三分之一用于消费。

如果收入不高，光靠节约也不是办法。在工作之初，我就定位：务必把本职工作做到最好，增加主动收入。在本职工作上，我尽力做到了极致，收入也随之而来。投资自己是最好的投资。如果一个人连手头的工作都做不好，任意换一个工作，很可能还是做不好。相反，如果人生技能不断提高，创造财富的能力也会不断增强，财富增加也是必然。

每日的学习和思考，也让我很早意识到把握社会的趋势，增加被动收入的重要性。尤其是在认真学习了《大国大城》这样的著作后，我更加清醒地意识到：大城市的核心地区，永远有投资的价值。

房贷是国家给普通老百姓的福利之一，尽快构建一、二线优质城市以房贷为中心的资产组合包，是普通人跑赢通货膨胀，获得被动收入的好方法。很多人都眼红身边的人通过买房子增加了财富，但是轮到自己买房时，却犹豫不决。

敢于买房的人，一定是对自己未来充满希望，且勇于承担责任的人。我先后在自己工作和生活的城市买了两套房子。博士毕业之后，我将户口迁到了深圳，并将其中一套房子卖掉，作为深圳首套房子的首付。

四、坚持，给起点低的人生配上加速器

华为董事长任正非说："没有哪一件事情是容易的，所幸我们都坚持了下来。"哪个行业都不容易，哪个阶层都会遇到困难。但是上升的逻辑都是一样的：通过坚持不懈地刻意练习，提高自己的能力，想办法解决前面的障

碍，一步步实现自己的目标。

从读大学开始，我的核心目标就只有一个——成为这个城市的富一代。无论是读大学还是读研究生，我主要就干两件事：学习、兼职。工作后，我主要就干四件事：工作，学习，买房，结婚生子。

提炼、坚持、重复，是成功的法宝；持之以恒，最终会达到临界值。不断学习，认真工作，让我的人生成长开始加速。就像一个小雪球，虽然小，但我的年轻和努力为这个雪球提供了很长的坡道。

以学习带来的复利为例，好的学习成绩带来好的毕业院校，好的毕业院校带来好的工作单位，好的工作单位带来好的收入，好的收入带来了买房理财……目前的我仍然在享受学习带来的红利。

"那些你早起努力的时光，那些你熬夜奋斗的日子，那些无论你多疲惫却依然在坚持的时候，都是梦想带来的力量。"就这样，我用10年，成就了现在的自己。

> **孙在丽**　　微博教育博主@孙教授说高考
>
> 　　就职于某省级教育招生考试院。博士、副教授，两个孩子的妈。专注于职业发展，成为研究新高考改革及高考志愿填报的副教授；专注于投资理财，从贷款读大学到资产过千万元；专注个人成长，高考志愿规划的书籍和培训课程同步进行；专注于学习进步：考取了两个不同专业的名校博士。